대바늘 손뜨개
장갑, 모자, 목도리

인기 있는 겨울 필수 아이템

CONTENTS

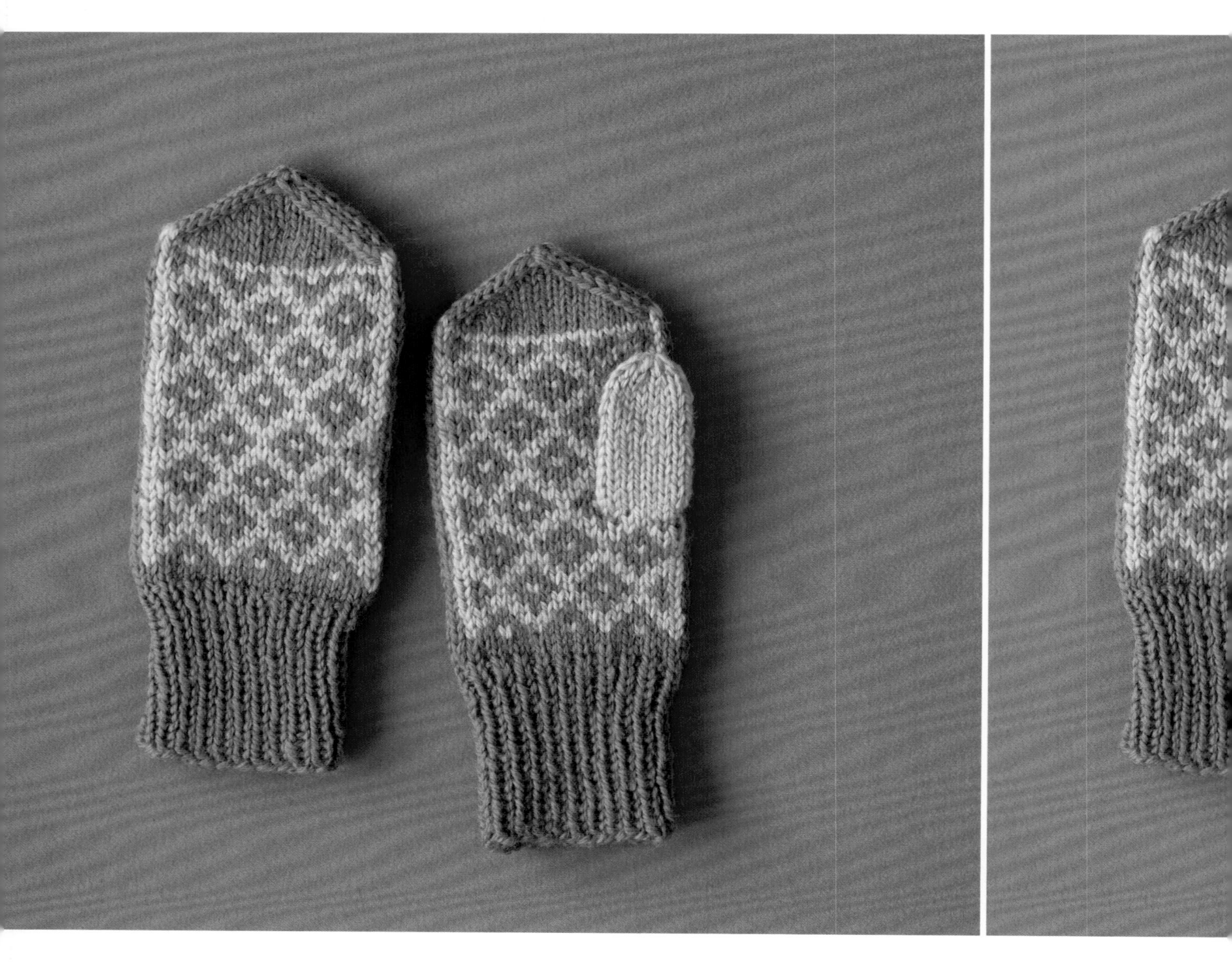

심플한 벙어리장갑 &
심플한 핸드 워머

마름모꼴 무늬를 이은 단순미 넘치는 도안은 손뜨개 초보자에게 알맞습니다. 핸드 워머는 똑바로 뜨기만 해도 되는 간단한 디자인이지요.

LESSON & HOW TO MAKE_**P.40**(핸드워머)
HOW TO MAKE_**P.64**(벙어리 장갑)
YARN_병태사~극태사 정도의 털실

INODA'S
COFFEE

새 무늬 벙어리장갑

손목 부분을 가리비 조개 무늬처럼 만들어 귀여움을 더했습니다.
모노 톤으로 시크한 분위기를 내는 것도 멋지지만, 밝은 색으로
뜨면 또 다른 인상을 줍니다.

HOW TO MAKE_**P.63**
POINT LESSON_**P.52**
YARN_극태사 털실

꽃무늬 양말

작은 꽃무늬를 곳곳에 넣은 양말은 차분한 배색과 고무뜨기로 된 가장자리가 포인트입니다. 배색을 반대로 넣어도 멋스러워요.

HOW TO MAKE_**P.66**
YARN_하마나카 코노복쿠루

전통 무늬 모자 & 벙어리장갑

북유럽 전통 무늬를 배열하여 모자와 벙어리장갑을 만들었습니다. 무늬나 실이 달라도 비슷한 톤으로 배색하면 세트 같아서 더욱 보기에 좋아요.

HOW TO MAKE_**P.68**(모자), **P.70**(벙어리 장갑)
YARN_하마나카 맨즈 클럽 마스터(모자), 소노모노 트위드(벙어리 장갑)

숲 무늬 벙어리장갑

나무 무늬를 늘어놓은 벙어리장갑은 머플러에 이어 붙여서
사진처럼 활용해도 좋아요.
단추로 이어붙인 디자인으로 손목 부분이 더 예뻐졌어요.

HOW TO MAKE_P.72
YARN_하마나카 소노모노 《합태사》

꽃무늬 벙어리장갑

큼지막한 꽃이 두 개 나란히 들어간 벙어리장갑을 추운 겨울에도 행복하게 보낼 수 있도록 밝은 노랑색으로 떠 보았어요.

HOW TO MAKE_**P.78**
YARN_병태사 털실

다람쥐 무늬 벙어리장갑

숲에서 튀어나올 것 같은 다람쥐가 인상적인
벙어리장갑입니다. 갈색과 오프화이트의 털실
배색으로 클래식한 분위기가 난답니다.

HOW TO MAKE_**P.75**
YARN_하마나카 아란 트위드

POMPON CAP IN DIFFERENT COLORS

색이 다른 방울 모자

베이직한 방울 모자는 색을 바꾸기만 해도 인상이 확 달라집니다. 방울도 배색을 달리하면 다른 느낌의 모자가 탄생합니다.

HOW TO MAKE_**P.80**
YARN_하마나카 맨즈 클럽 마스터

어린이용 마린 모자

빨간색, 파란색, 흰색의 마린 컬러로 줄무늬나 닻 모양을 넣고, 큼지막한 방울을 달아 귀엽게 마무리했습니다.

HOW TO MAKE_**P.82**
YARN_하마나카 맨즈 클럽 마스터

어린이용 벙어리장갑

어른스러운 느낌의 기하학적 무늬를 선명한 색 조합으로 어린이용으로 만들었습니다. 어린이용이므로 강도가 있는 아크릴 혼합사를 쓰는 것도 추천합니다.

HOW TO MAKE_**P.84**
YARN_병태사 털실

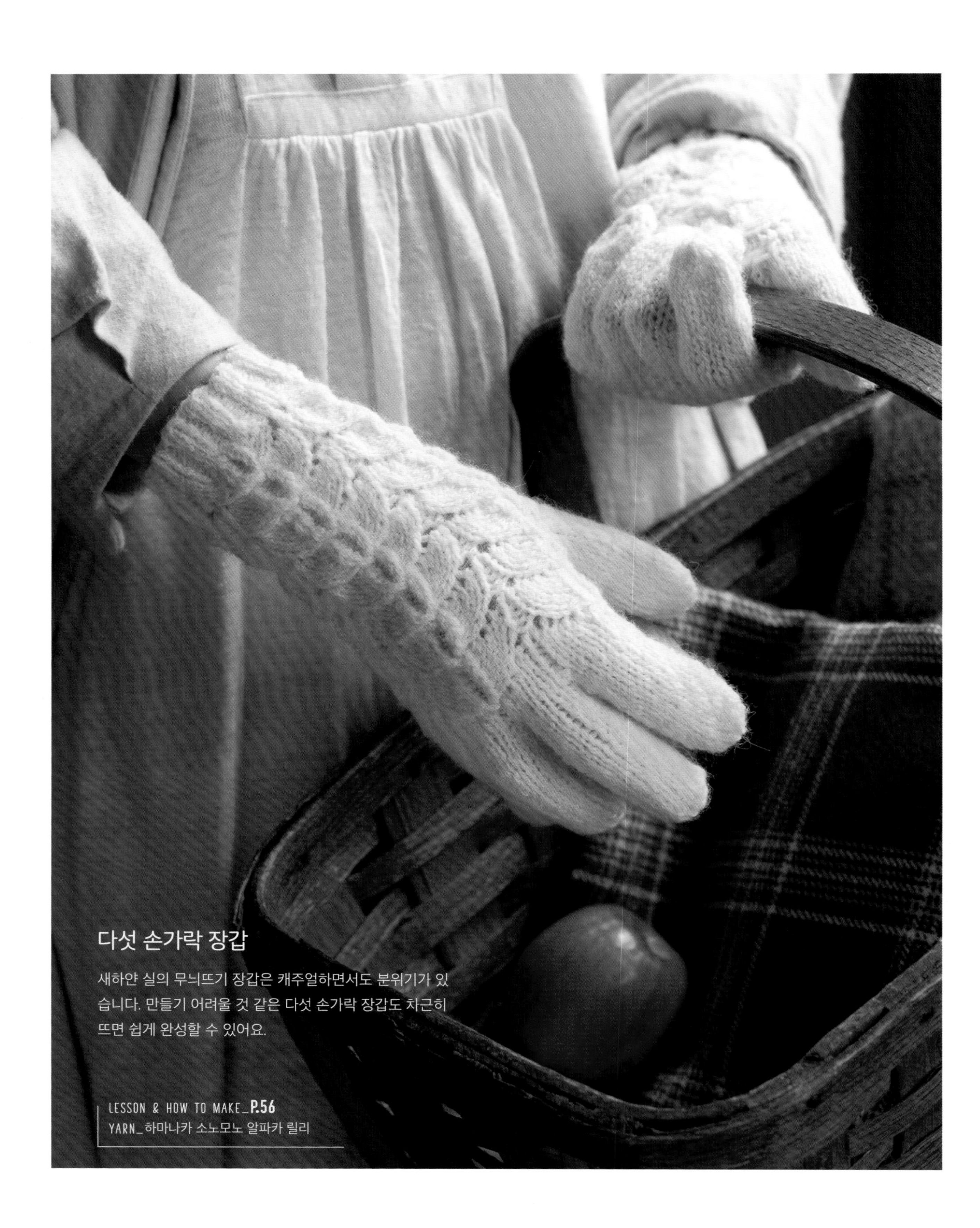

다섯 손가락 장갑

새하얀 실의 무늬뜨기 장갑은 캐주얼하면서도 분위기가 있습니다. 만들기 어려울 것 같은 다섯 손가락 장갑도 차근히 뜨면 쉽게 완성할 수 있어요.

LESSON & HOW TO MAKE_P.56
YARN_하마나카 소노모노 알파카 릴리

다이아몬드 무늬 흰 양말

발등에 들어간 다이아몬드 무늬가 포인트입니다.
발끝과 발뒤꿈치는 강도를 높이기 위해 같은 색을
가지고 교차로 배색뜨기를 했습니다.

HOW TO MAKE_**P.88**
YARN_하마나카 소노모노 트위드

라트비아풍 벙어리장갑

발트3국인 라트비아의 전통적인 무늬를 사용감 좋은 모노톤의 실로 뜬 벙어리장갑입니다. 손목 부분은 고무 뜨기로 활동성을 높였답니다.

HOW TO MAKE_**P.90**
YARN_하마나카 순모 중세사

잎사귀 무늬 2중 벙어리장갑

겉감과 안감을 겹친 동그란 벙어리장갑에 잎사귀 모양을 달았습니다. 뜨개 바탕이 2중으로 되어 있어서 눈 오는 날에도 추위를 걱정하지 않아도 된답니다.

HOW TO MAKE_**P.92**
YARN_하마나카 소노모노《합태사》

무늬가 들어간 뜨개 모자

다양한 원 모양이 귀여운 이 모자는 두 가지 무늬를 교차로 넣었어요. 모자 끝에 살짝 솟은 꼭지도 귀여움을 더해줍니다.

HOW TO MAKE_**P.94**
POINT LESSON_**P.54**
YARN_하마나카 소노모노 알파카 울《합태사》

노란색 스누드

코디하기 쉽게 밝은 색 실로 뜬 심플한 스누드입니다. 리버시블로 사용할 수 있는 디자인이므로 스누드 자체의 변화도 즐길 수 있답니다.

LESSON & HOW TO MAKE_**P.95**
YARN_병태사 털실

비니 모자

고무뜨기를 한 뜨개 바탕에 메리야스 단을 넣어
교차한 다음, 케이블 무늬를 넣었습니다. 조금 길게
떠서 비니 모자처럼 만들었습니다.

HOW TO MAKE_**P.96**
YARN_하마나카 익시드 울 L《병태사》

어린이용 쥐돌이 벙어리장갑

귀여운 느낌이 가득한 어린이용 '쥐돌이 벙어리장갑'입니다. 고슴도치는 직접 실을 말아 붙였답니다.

HOW TO MAKE_**P.98**
POINT LESSON_**P.55**
YARN_하마나카 소노모노 알파카 울《병태사》
병태사 털실(자수용)

물방울무늬 모자

뚝뚝 떨어지는 듯한 물방울무늬가 귀여운 모자입니다.
물방울무늬는 다섯 코 늘리기만 할 줄 안다면 간단히
만들 수 있습니다.

HOW TO MAKE_**P.103**
POINT LESSON_**P.50**
YARN_하마나카 소노모노 알파카 울 《병태사》

노란색 비니 모자

케이블 무늬가 들어간 비니 모자는 어떤 코디네이트에도
잘 어울립니다. 뒤집어 접었을 때 뜨개 천의 뒷면이
나오지 않도록 했답니다.

HOW TO MAKE_**P.104**
POINT LESSON_**P.51**
YARN_해피 셰틀랜드

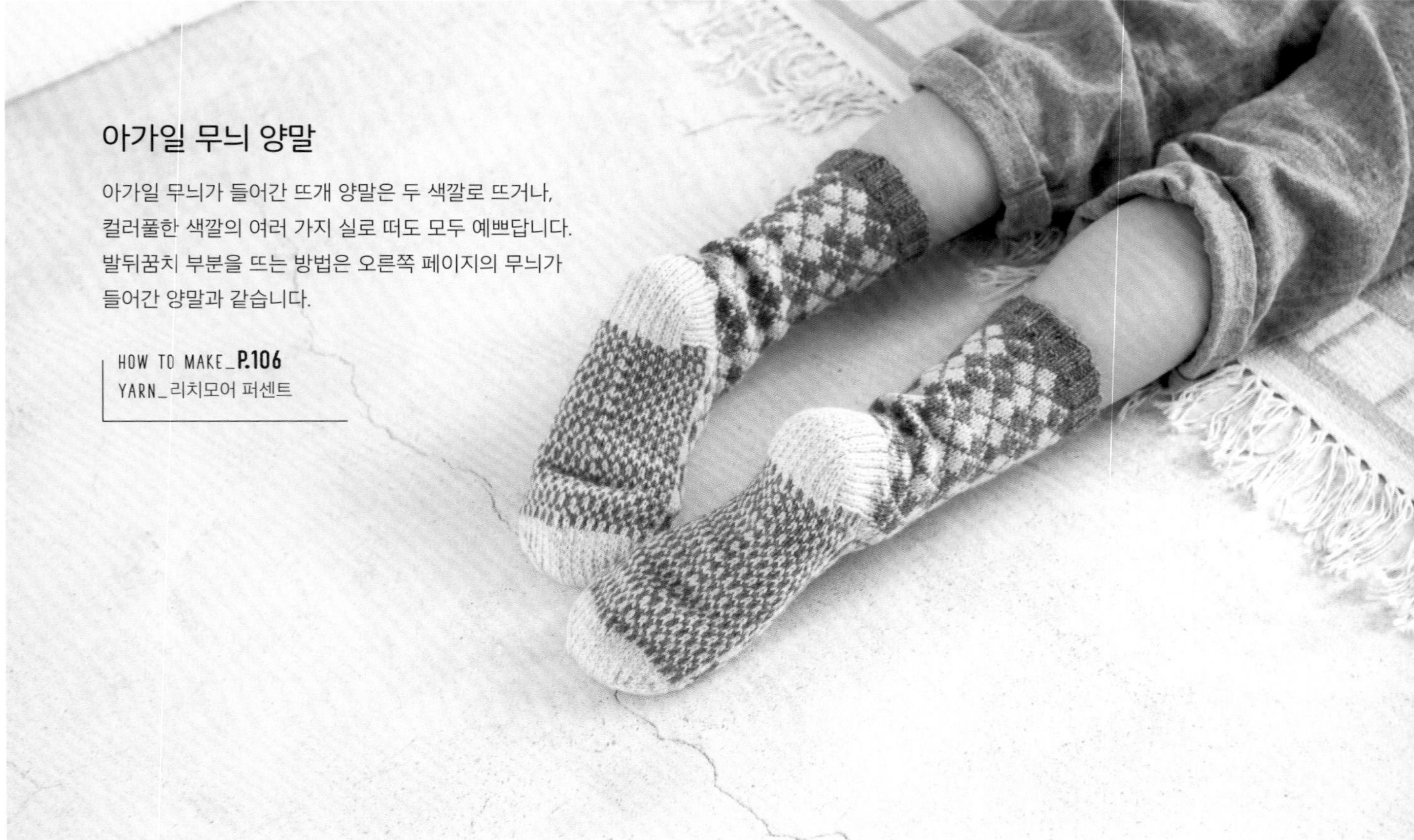

아가일 무늬 양말

아가일 무늬가 들어간 뜨개 양말은 두 색깔로 뜨거나,
컬러풀한 색깔의 여러 가지 실로 떠도 모두 예쁘답니다.
발뒤꿈치 부분을 뜨는 방법은 오른쪽 페이지의 무늬가
들어간 양말과 같습니다.

HOW TO MAKE_**P.106**
YARN_리치모어 퍼센트

무늬가 들어간 양말

마름모꼴 라인이 예쁘게 도드라지는 양말입니다. 발뒤꿈치 부분을 뜨는 방법도 단순합니다. P.52의 포인트 레슨을 참고로 하여 도전해 보세요.

HOW TO MAKE_**P.108**
POINT LESSON_**P.52**
YARN_하마나카 아란 트위드

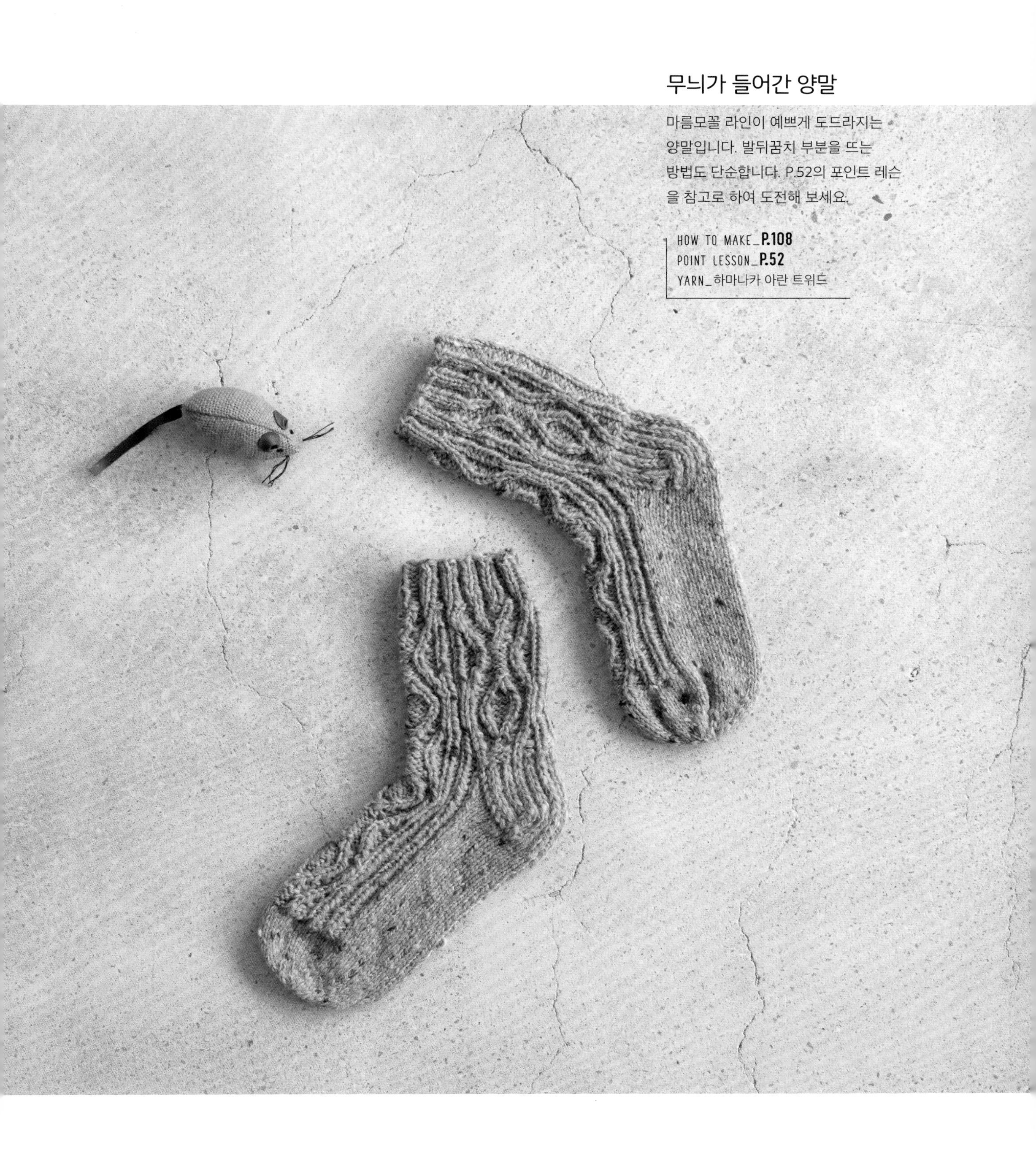

여우 머플러

뾰족하게 튀어나온 귀와 꼬리가 귀여운 여우 머플러
입니다. 어린이용이지만 어른이 둘러도 좋아요.

HOW TO MAKE_**P.110**
YARN_리치모어 스펙트라 모뎀

17 다음 코는 짜지 않고 오른쪽 바늘로 코를 옮깁니다(걸러뜨기).

18 겉뜨기 3코, 걸러뜨기 1코를 단의 마지막까지 반복합니다.

19 뜨개 도안대로 26단까지 뜨고, 15cm 정도 남긴 채 실을 자릅니다.

배색뜨기 A 뜨기

20 배색뜨기 A의 1단째는 오프화이트 실 두 가닥으로 한 코씩 번갈아 뜹니다.

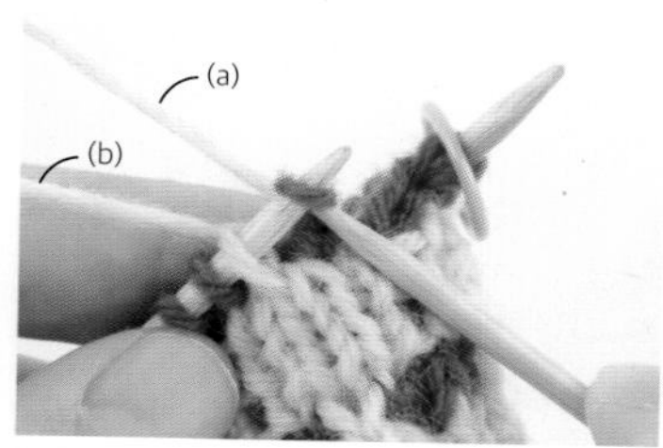

21 우선 쉬게 두었던 실(a)로 겉뜨기를 합니다.

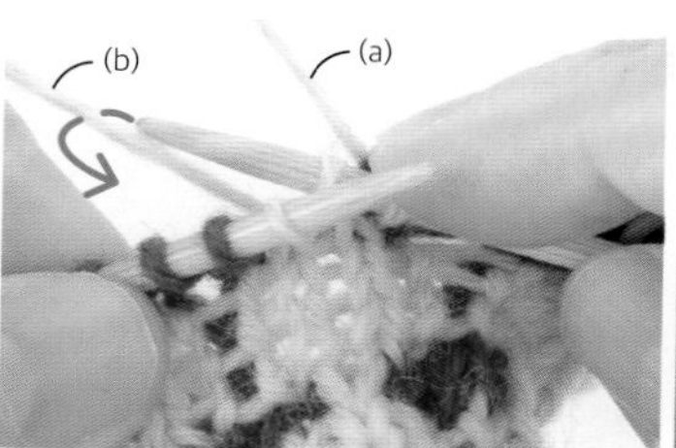

22 다음은 새롭게 이은 실(b)로 겉뜨기를 합니다. 이후 (a)를 위에서, (b)를 아래에서 잡고 뜹니다.

23 9코까지 뜬 모습.

24 다음 코는 걸쳐진 실을 오른쪽 바늘에서 화살표를 따라 주워 왼쪽 바늘에 걸쳐, 실이 비틀리지 않도록 겉뜨기를 합니다.

25 걸은 실이 비틀려 있습니다(돌려뜨기로 코 늘리기). 코가 1코 늘어났습니다.

26 이어서 뜨개 도안대로 29코까지 뜹니다.

엄지손가락 부분 준비하기

27 여기서 콧수 표시링을 겁니다.

28 2코를 뜨고 나서 또 한 개의 콧수 표시링을 겁니다.

29 이어서 도안대로 마지막까지 짭니다.

30 2단째는 첫 번째의 콧수 표시링까지 배색뜨기 A를 뜹니다.

31 콧수 표시링을 오른쪽 바늘로 옮기고, 걸쳐진 실을 주워 돌려뜨기로 코 늘리기를 합니다.

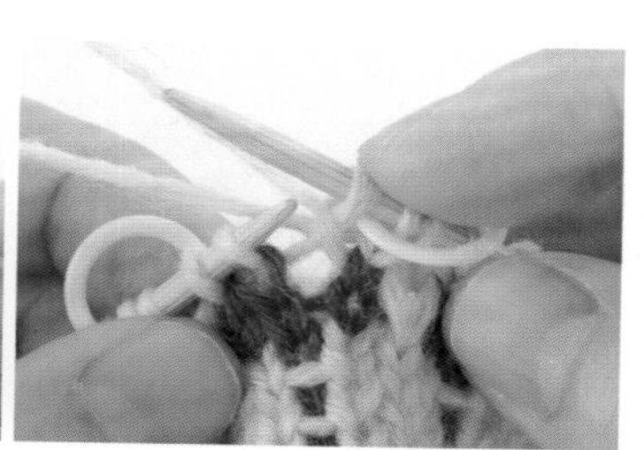

32 돌려뜨기로 코 늘리기가 된 모습. 다음 2코는 겉뜨기로 뜹니다.

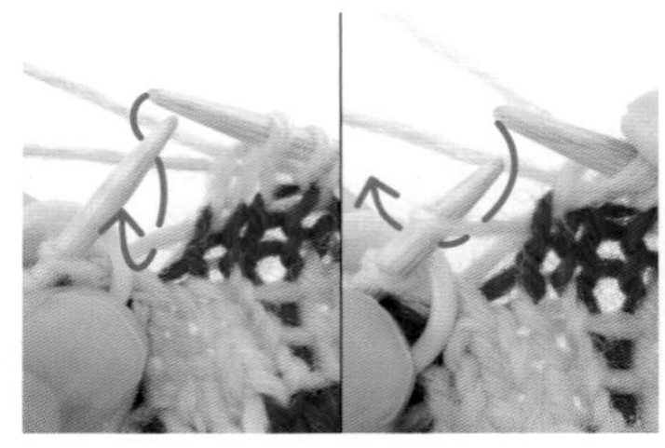

33 2코 겉뜨기를 하면, 걸쳐진 실을 주워 돌려뜨기로 코 늘리기를 합니다.

34 돌려뜨기로 코 늘리기가 된 모습. 두 번째 콧수 표시링은 오른쪽 바늘로 옮겨 마저 뜹니다.

35 도안대로 19단까지 뜬 모습.

36 두 개의 노란 콧수 표시링 사이(엄지손가락 부분)를 보조실로 꿰어, 코를 쉬게 해둡니다.

배색뜨기 B 뜨기

37 남은 코를 원통형으로 마저 뜹니다. 배색뜨기 B의 1단째부터 초록색과 오프화이트 실을 한 줄씩 사용하여 백곰 배색뜨기를 합니다.

38 21~22와 같은 요령으로 두 가닥의 실을 손가락에 걸고, 무늬에 맞춰 실을 쥐고 뜹니다. 25단째까지 뜬 모습.

손가락 끝의 코 줄임 하기

39 손가락의 1단째는 우선 겉뜨기를 2코 뜹니다.

40 다음 코는 뜨지 않고, 오른쪽 바늘로 실을 옮깁니다.

41 다음 코를 겉뜨기로 뜹니다.

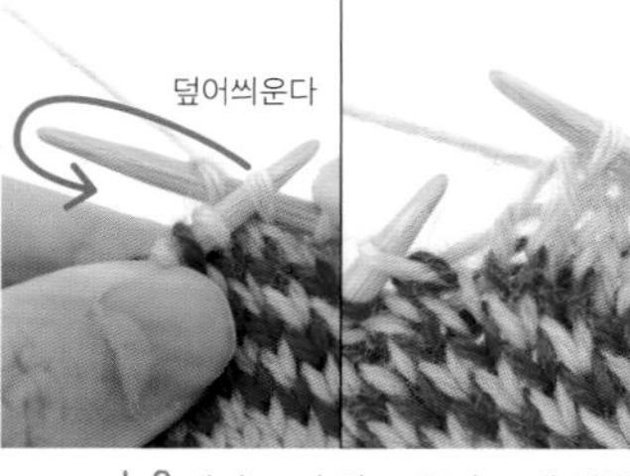

42 40에서 뜨지 않고 옮긴 코에 왼쪽 바늘을 넣고, 41에서 뜬 코에 덮어 씌웁니다. 코가 1코 줄어듭니다(오른코 겹쳐 2코 모아뜨기).

43 이어서 도안대로 뜨개질을 진행합니다.

44 21코를 뜨면, 화살표처럼 왼쪽부터 2코 모아뜨기로 바늘에 끼워 겉뜨기를 합니다.

45 2코 모아뜨기를 한 모습. 코가 한 코 줄었습니다(왼코 겹쳐 2코 모아뜨기).

46 옆부분의 4코 좌우로 1코씩 줄고 있습니다. 마찬가지로 코를 줄이면서 도안대로 뜨고, 손가락 2단째까지 뜹니다. 9단째부터는 오프화이트 실 한 줄로 뜹니다.

47 12단째는 우선 겉뜨기로 2코를 뜹니다.

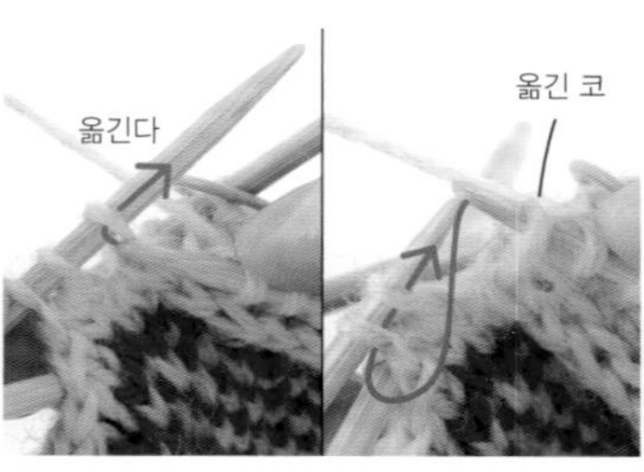

48 다음 코는 뜨지 않고 오른쪽 바늘로 실을 옮깁니다. 다음 2코에 왼쪽에서 2코 모아뜨기로 바늘에 끼웁니다.

49 2코를 함께 겉뜨기 합니다.

50 48에서 뜨지 않고 옮긴 코에 왼쪽 바늘을 넣고, 49에서 뜬 코에 덮어 씌웁니다(오른코 겹쳐 3코 모아뜨기).

51 오른코 겹쳐 3코 모아뜨기를 한 모습. 뜨개 도안대로 단이 끝나는 곳까지 뜹니다.

52 손가락의 12단까지 뜬 모습. 실 끝을 15cm 정도 남기고 실을 자릅니다.

53 돗바늘에 실 끝을 꿰고, 나머지 코를 전부 실로 두 번 통과시켜 조입니다.

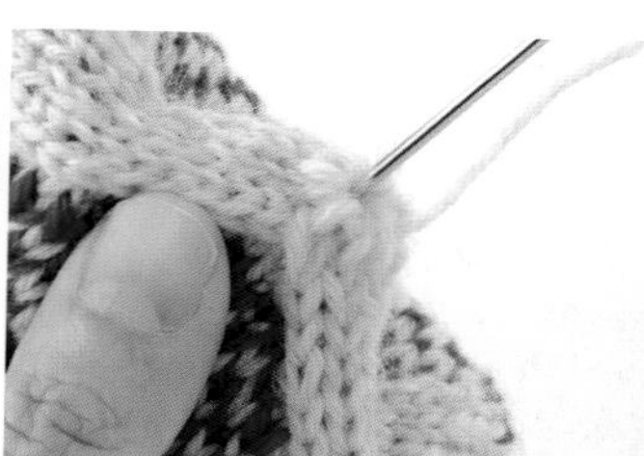

54 실을 조인 다음, 중심에서 안쪽으로 실을 통과시킵니다.

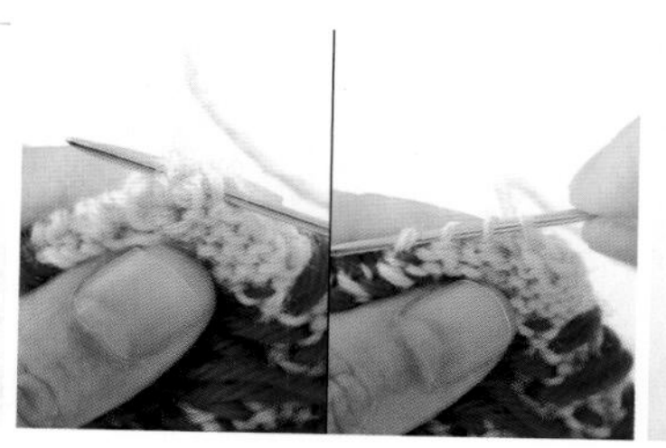

55 안쪽에서 한 번 실을 고정하는 것처럼 실을 통과시킨 후, 겉에서 보이지 않도록 실 정리를 합니다.

56 엄지손가락 이외의 부분을 모두 뜬 모습.

엄지손가락 뜨기

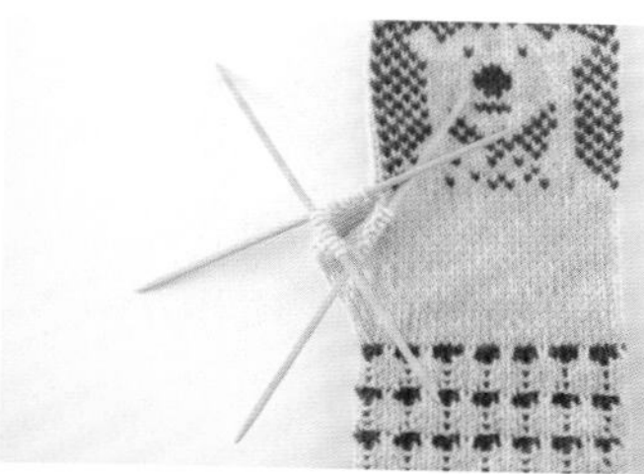

57 쉬게 해둔 코에 바늘을 통과시켜 원통형으로 만든 다음, 보조실을 뺍니다.

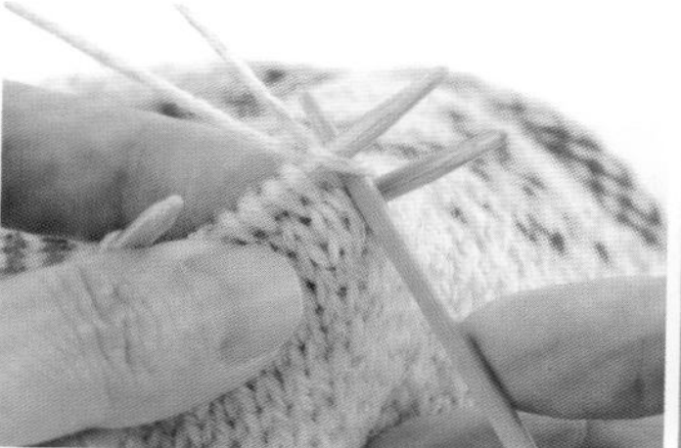

58 오프화이트 실 두 가닥으로 21~22와 같은 방식으로 위아래 실을 한 코씩 번갈아 뜹니다.

59 1단째 마지막까지 뜨면, 걸쳐진 실을 줍습니다.

60 주운 실을 가지고 돌려뜨기로 코 늘리기를 합니다.

스티치 넣기

61 16단까지 도안대로 뜨고, 53~55처럼 손가락 끝의 실 정리를 합니다.

62 초록색 실을 30cm 정도 잘라 돗바늘에 꿰고 엄지손가락 안쪽에서 실을 빼냅니다.

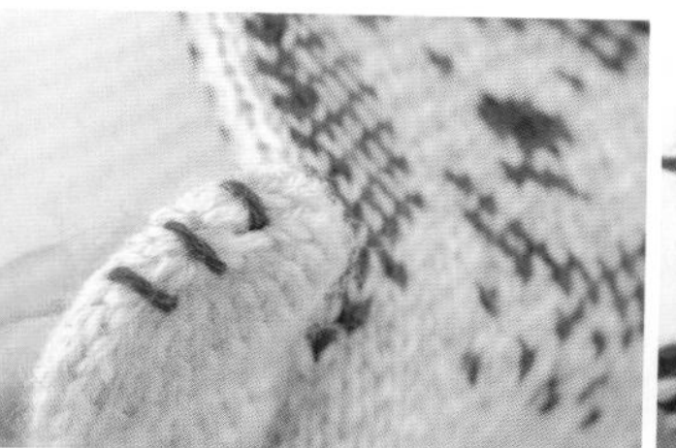

63 원하는 위치에 스트레이트 스티치를 세 개 넣습니다.

64 안쪽에서 두 번 정도 묶어 풀리지 않도록 한 후, 실 정리를 합니다.

POINT LESSON

여기서는 이 책에 등장하는 뜨개질 기법과 작품의 포인트를 다룹니다. 뜨개 도안 기호로는 어려워 보이는 방법도 요령만 알면 쉽습니다. 다음의 과정을 참고로 하여 작품을 만들어봅시다.

물방울무늬 뜨는 법

P.34의 물방울무늬 모자에 사용된 방법입니다.
※무늬뜨기의 5단째부터 설명합니다.

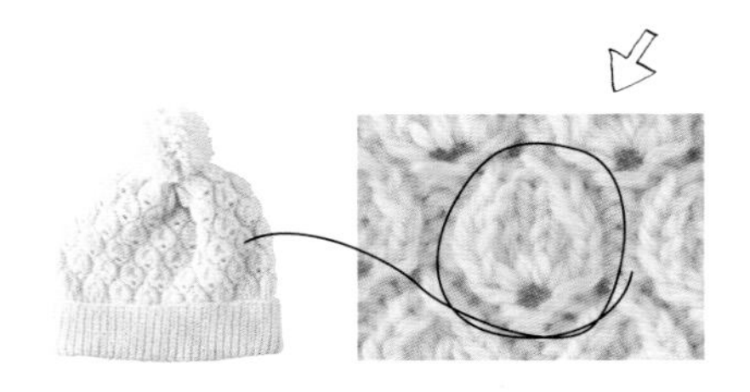

01 뜨기 시작하는 5단째 첫 번째 코에 바늘을 넣습니다.

02 실을 걸어 빼내고, 겉뜨기를 합니다.

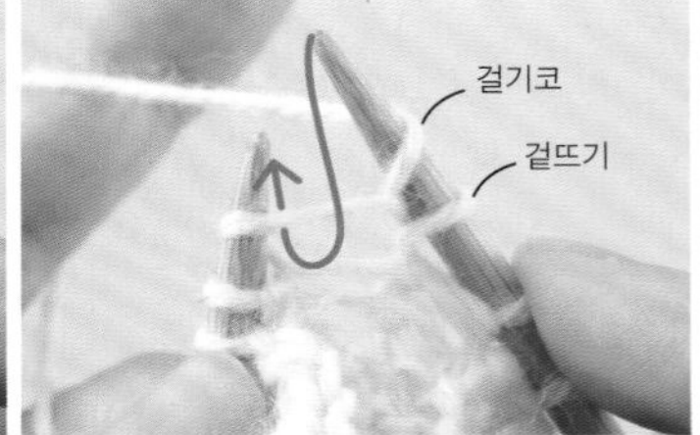

03 왼쪽 바늘의 코를 빼지 않고 건 채로 걸기코를 하고, 이어서 같은 코에 바늘을 넣습니다.

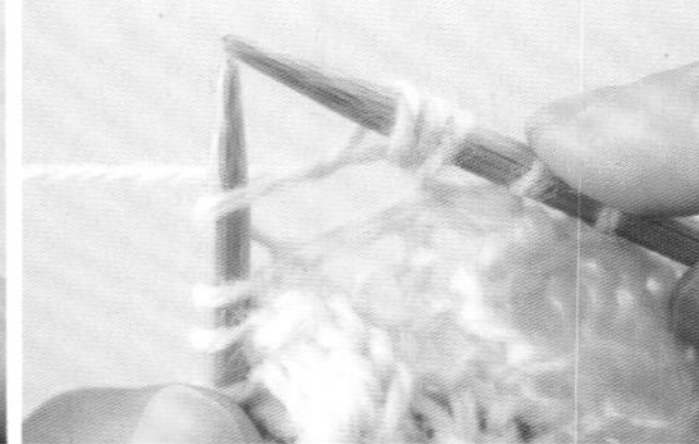

04 계속해서 02와 마찬가지로 겉뜨기를 합니다.

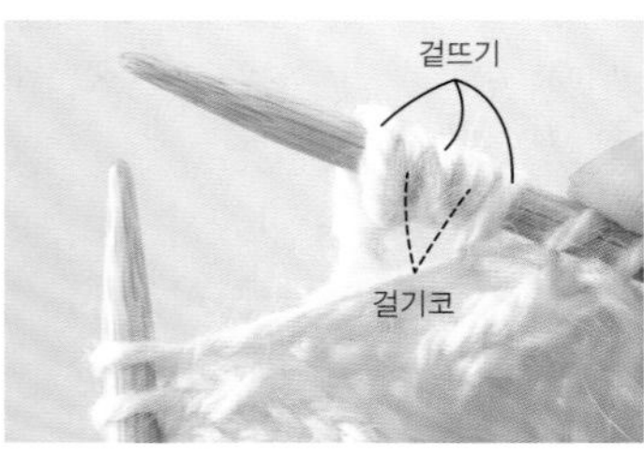

05 03,04와 마찬가지로 걸기코, 겉뜨기를 하고 나서 왼쪽 바늘에서 코를 뺍니다. 1코부터 5코까지 떴습니다(5코 만들기).

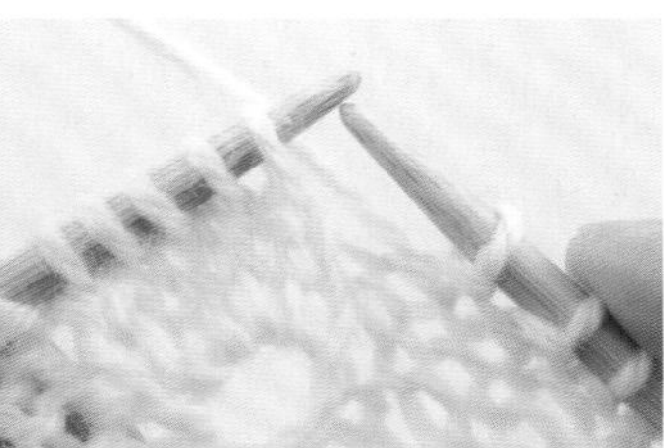

06 이어서 8단까지 도안대로 뜨고, 9단째부터는 5코 양옆으로 코를 줄입니다.

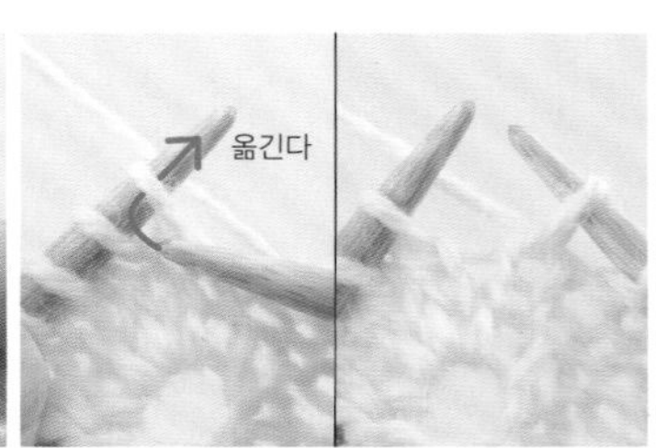

07 우선 1단째는 뜨지 않고, 오른쪽 바늘로 코를 옮깁니다.

08 다음 코를 겉뜨기 합니다.

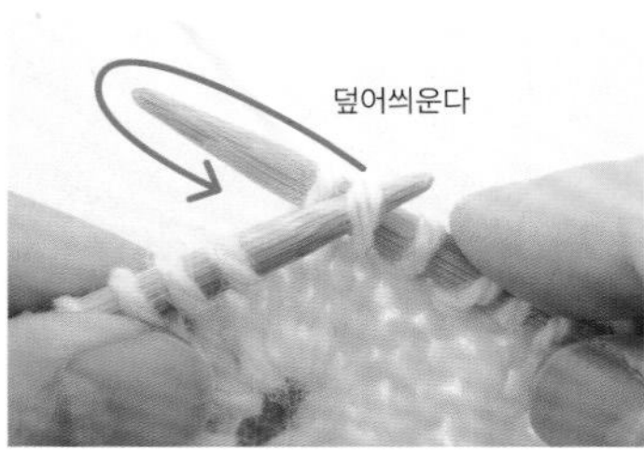

09 07에서 뜨지 않고 옮긴 코에 왼쪽 바늘을 넣고, 08에서 뜬 코에 덮어씌웁니다.

10 코가 1코 줄었습니다(오른코 겹쳐 2코 모아뜨기).

11 다음 코는 겉뜨기를 합니다.

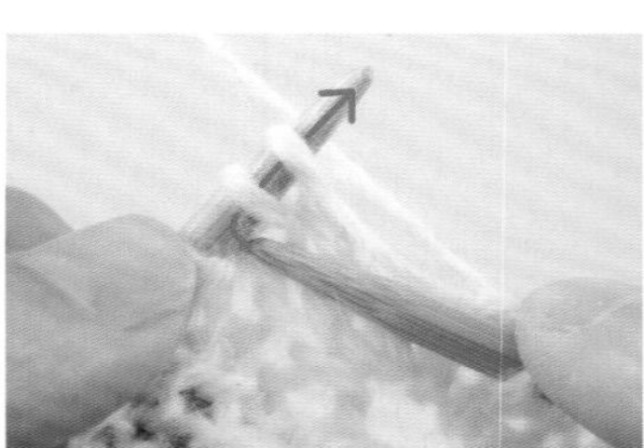

12 계속해서 화살표처럼 왼쪽부터 2코 모아뜨기로 바늘에 끼우고 겉뜨기를 합니다.

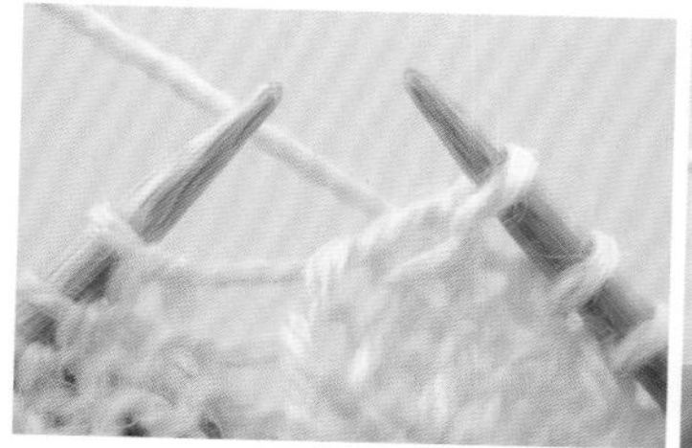

13 2코 모아뜨기로 뜬 모습. 코가 한 코 줄었습니다(왼코 겹쳐 2코 모아뜨기).

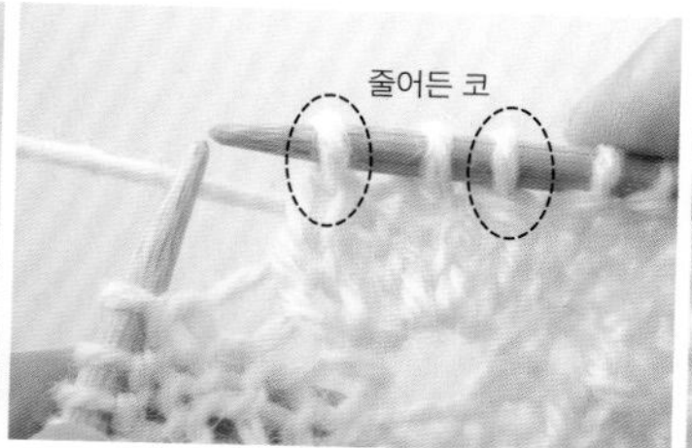

14 5코가 3코로 줄어들었습니다.

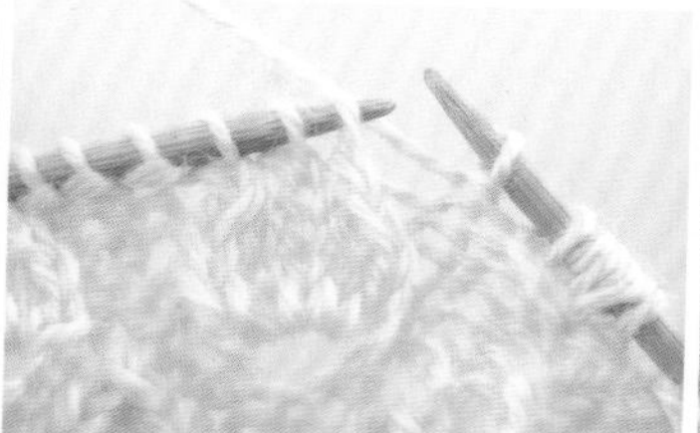

15 이어서 10단까지 도안대로 뜨고, 2단째는 물방울의 3코가 된 부분을 1코로 줄입니다.

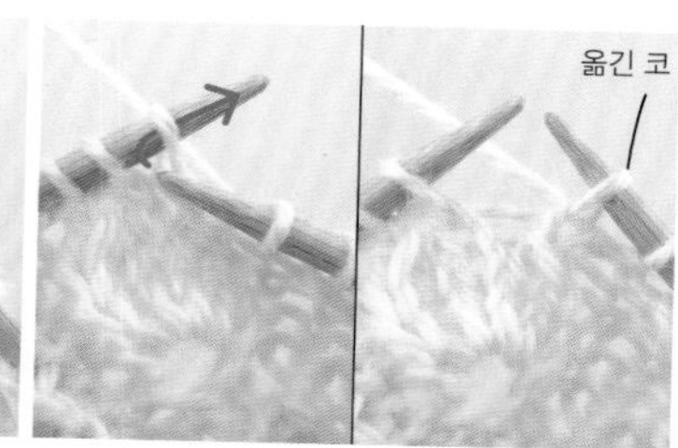

16 우선 1코째는 뜨지 않고, 오른쪽 바늘로 실을 옮깁니다.

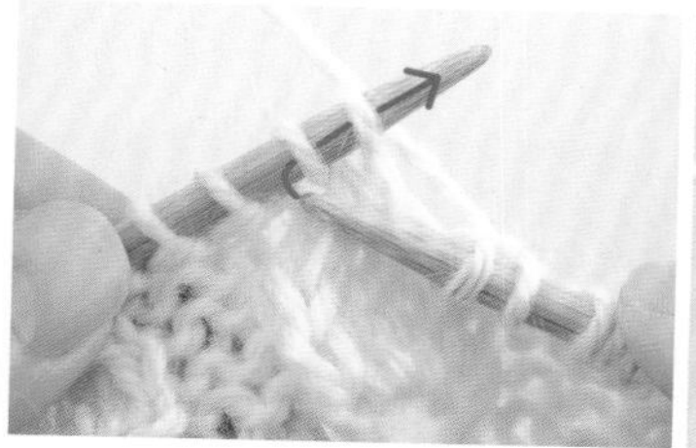

17 다음은 화살표처럼 왼쪽부터 2코 모아뜨기로 바늘에 꿰어 겉뜨기를 합니다.

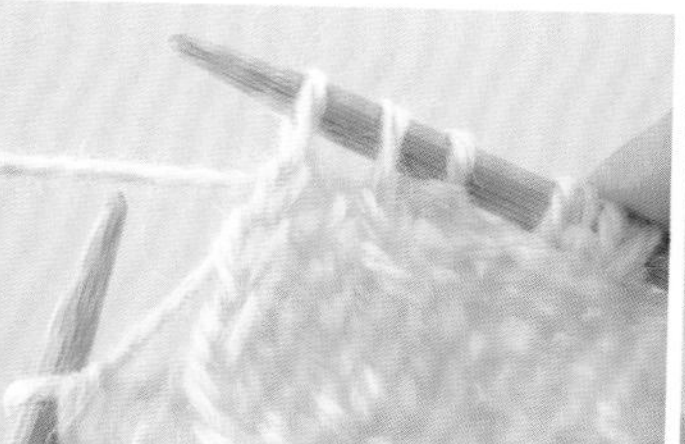

18 2코 모아뜨기를 뜬 모습.

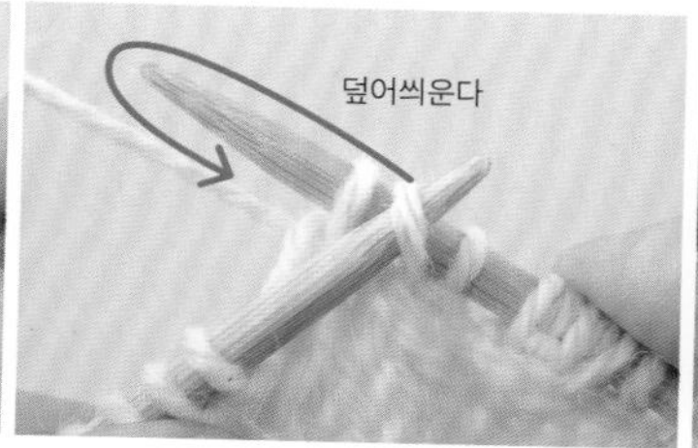

19 16에서 뜨지 않고 옮긴 코에 왼쪽 바늘을 넣고, 18에서 뜬 코에 덮어 씌웁니다(오른코 겹쳐 3코 모아뜨기).

20 물방울무늬가 완성되었습니다.

모자의 뒤집기 부분

P.35의 노란색 비니 모자에 사용된 기법입니다.

01 1코 고무뜨기로 4단을 뜬 다음, 무늬뜨기를 20단까지 뜹니다.

02 사진처럼 뜨개 바탕을 안쪽으로 뒤집습니다.

03 안쪽이 겉면으로 나오면 뜨개 바탕의 위아래를 회전시킵니다.

04 실이 달린 위치에서 20단째까지 역방향으로 무늬뜨기를 계속합니다. 뜨기 시작한 부분에 작은 구멍이 생기게 되지만, 뒤집는 부분 때문에 눈에 띄지 않게 됩니다.

손목의 가리비 조개 무늬

P.6의 새 무늬 벙어리장갑의 손목에 들어간 가리비 조개 무늬를 뜨는 방법입니다.
※뜨개코를 알아보기 쉽도록 색을 바꿔서 뜨고 있습니다.

01 3단째부터 설명합니다. 우선 1코째는 겉뜨기를 한 다음, 손가락에 건 실을 뒤쪽으로 떠내는 것처럼 오른쪽 바늘에 겁니다(걸기코).

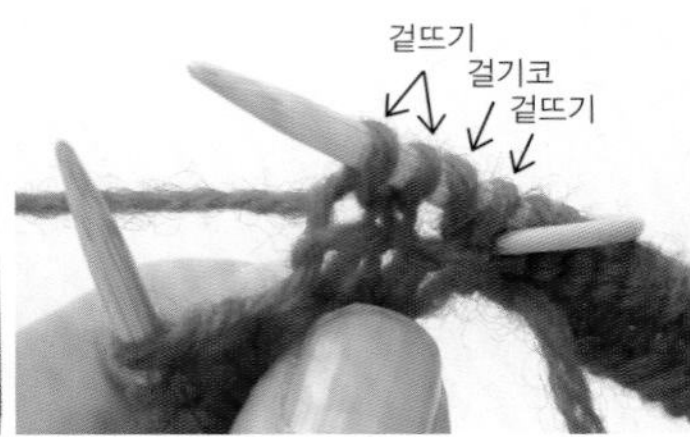

02 다음 2코는 겉뜨기를 합니다.

03 다음에는 중심 3코 모아뜨기(P.116)를 합니다.

04 도안대로 걸기코와 중심 3코 모아뜨기를 넣으면서 뜨고, 6단을 뜨면 실을 오프화이트로 바꾸어 뜹니다. 빨간색 실은 쉬게 놔둡니다.

05 오프화이트로 10단까지 뜬 모습.

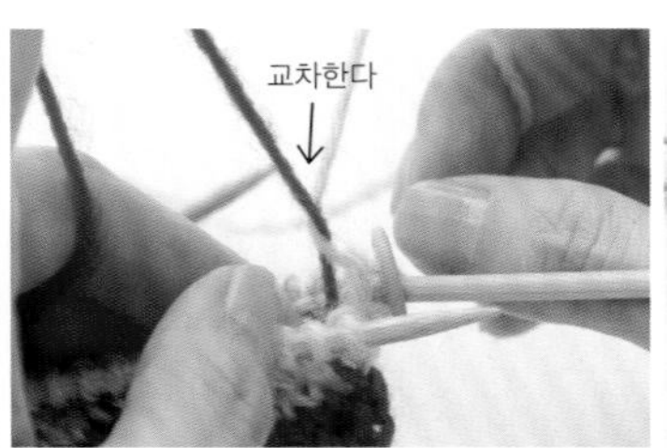

06 2단째는 쉬게 놔뒀던 빨간색 실을 끌어 올려, 오프화이트 실을 교차한 다음에 뜹니다. 마찬가지로 빨간색과 오프화이트를 바꿔가면서 뜹니다.

07 무늬뜨기 줄무늬(손목 부분 22단째까지)가 완성된 모습.

08 안쪽을 보면 단이 바뀌는 부분에 실이 걸쳐진 모습이 보입니다. 06처럼 색을 바꿀 때 실을 교차해 두면, 걸쳐진 실이 깔끔하게 자리잡힙니다.

양말 뒤꿈치

P.37의 무늬가 들어간 양말에서 사용된 기법입니다.
P.36의 아가일 무늬 양말의 뒤꿈치 만들기와 같은 기법입니다.

01 2코 고무뜨기와 무늬뜨기로 발목 부분을 원통형으로 뜬 모습.

02 발뒤꿈치 부분은 왕복으로 뜹니다. 1단째는 우선 겉뜨기로 2코를 뜹니다.

03 3코째는 화살표대로 바늘을 넣어 뜨지 않고, 오른쪽 바늘로 코를 이동합니다(걸러뜨기).

04 겉뜨기, 걸러뜨기를 반복하여 1단째가 완성된 모습.

05 2단째는 뜨개 바탕을 뒤집어 안쪽에서 뜹니다. 1단째는 사진처럼 바늘을 넣어 걸러뜨기를 합니다.

06 남은 코는 안뜨기로 뜹니다. 2단째가 완성된 모습.

07 3단째의 1코째도 사진처럼 바늘을 넣어 걸러뜨기를 합니다.

08 이어서 뜨개 도안대로 뜨고, 발뒤꿈치의 16단째까지 뜬 모습.

09 뒤꿈치 바닥의 1단째는 17코를 뜬 다음에 오른코 겹쳐 2코 모아뜨기를 합니다.

10 오른코 겹쳐 2코 모아뜨기를 한 모습. 뜨개 바탕을 안쪽으로 뒤집습니다.

11 2단째는 1코째를 걸러뜨기로 합니다.

12 이어서 10코를 안뜨기합니다.

13 다음 2코를 사진처럼 2코 모아뜨기로 바늘에 끼워 안뜨기를 합니다(안뜨기로 왼코 겹쳐 2코 모아뜨기).

14 계속해서 도안대로 12단까지 뜨고, 뒤꿈치 바닥을 뜬 모습.

15 바닥 쪽, 발등 부분의 1단째는 12코를 뜨고 나서 사진처럼 뒤꿈치 옆에서 코를 줍습니다.

16 뒤꿈치 옆에서 8코를 주운 모습.

17 8코를 주우면, 다음 코와의 사이에 걸쳐진 실을 줍고, 주운 걸쳐진 실을 왼쪽 바늘에 겁니다.

18 화살표처럼 바늘을 넣어 비틀 듯이 뜹니다(돌려뜨기로 코 늘리기).

19 화살표처럼 바늘을 넣어 비틀 듯이 뜹니다(돌려뜨기로 코 늘리기).

20 이어서 도안대로 뜨고, 반대쪽 뒤꿈치 옆 부분 직전까지 뜹니다.

21 17과 마찬가지로 걸쳐진 실을 주워 화살표처럼 실을 넣습니다.

22 돌려뜨기로 코 늘리기를 합니다.

23 반대쪽 뒤꿈치 옆 부분에서도 15~16과 마찬가지로 8코를 줍습니다.

24 양말의 뒤꿈치 부분이 완성되었습니다. 여기서부터는 다시 원통형으로 뜹니다.

끌어올려 안뜨기(2단)

P.18의 커스터마이즈 모자에서 사용한 기법입니다.

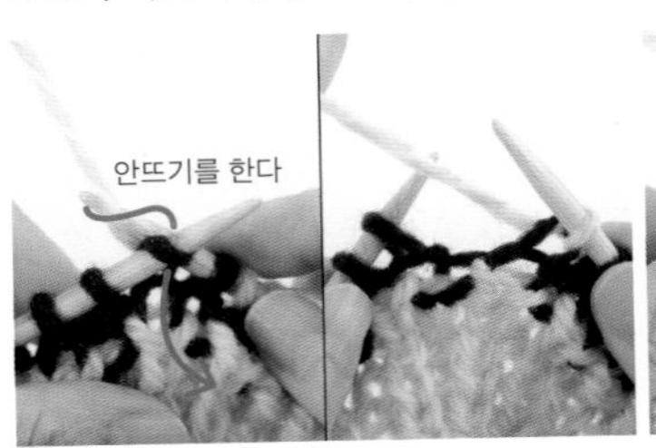

01 모양뜨기 6~9단째에서 해설합니다. 6단째는 남색으로 겉뜨기와 안뜨기를 번갈아 하고, 다 뜨면 7단째는 흰색으로 실을 바꾸어 우선 겉뜨기를 합니다.

02 안뜨기는 하지 말고, 흰색 실을 바늘에 건 채로 오른쪽 바늘로 옮깁니다. 단의 마지막까지 01~02를 반복합니다.

03 9단째도 마찬가지의 요령으로, 직전 단이 겉뜨기로 된 곳은 겉뜨기로 뜹니다.

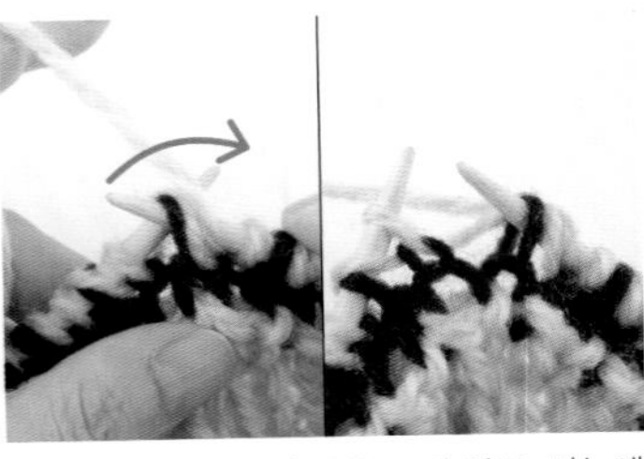

04 안뜨기로 된 곳은 뜨지 않고, 바늘에 걸린 흰 실도 함께 오른쪽 바늘로 옮깁니다. 남색 코 사이에 흰 실이 두 가닥 걸려 있습니다.

05 9단째는 남색으로 실을 바꾸어, 직전 단이 겉뜨기로 된 곳은 겉뜨기를 합니다.

06 안뜨기로 된 곳은 바늘에 걸린 흰 실 두 가닥과 안뜨기의 세 가닥을 같이 바늘에 끼웁니다.

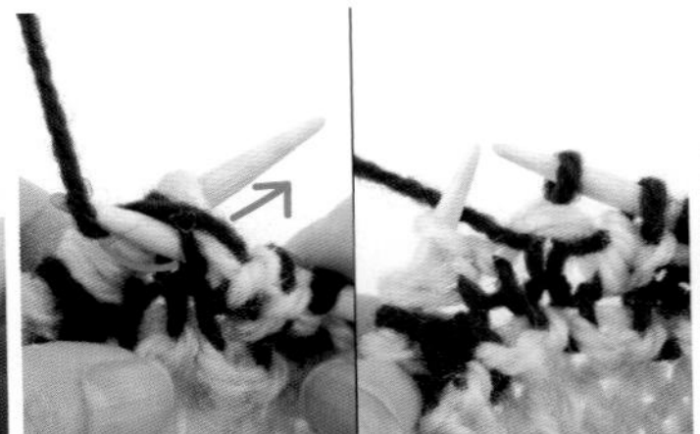

07 그대로 겉뜨기로 뜹니다.

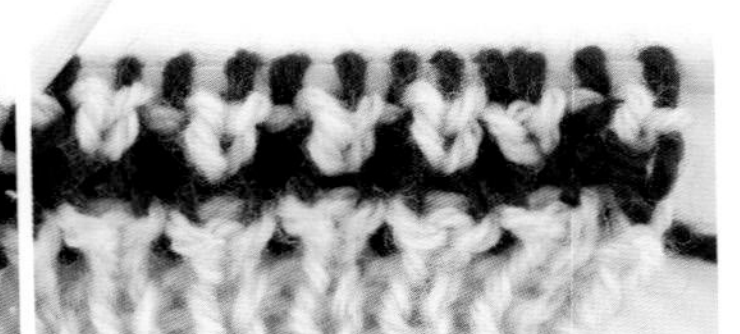

08 05~07을 반복하여 마찬가지로 뜨면 올록볼록한 무늬가 완성됩니다.

모자 꼭대기

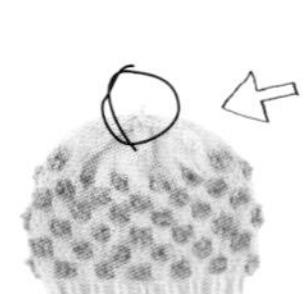

P.24와 P.29의 모자에서 사용된 기법입니다.
적은 콧수를 가지고 원통형으로 뜰 때 편리합니다.
한쪽이 막히지 않은 바늘로 뜹니다.

01 모자 꼭대기에서 바늘에 남아 있는 코(여기서는 5코)를 한 개의 바늘에 통과시킵니다. 원통형이 되도록 조금씩 왼쪽 끝의 실을 잡아당겨 오른쪽 끝의 코에서부터 겉뜨기를 합니다.

02 1단을 뜨고 코가 걸린 채로 바늘만 왼쪽으로 밀면서, 코를 오른쪽 끝을 향해 비틀어 바늘을 왼손으로 다시 잡습니다.

03 각 단의 1코째는 실을 그 1코 쪽으로 가져가 조금 실을 당기면서 겉뜨기를 합니다.

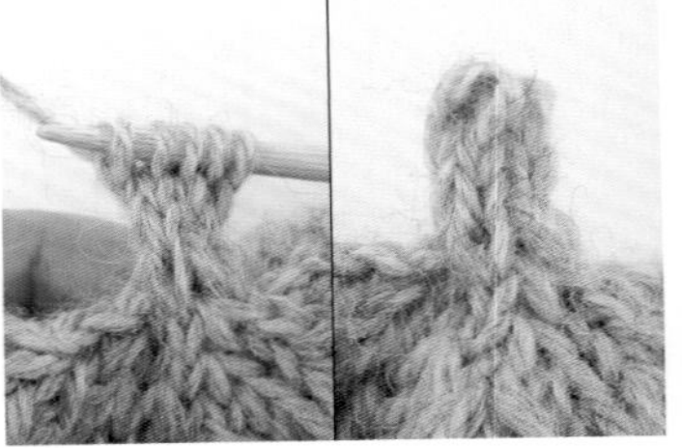

04 특정 단수를 짜고 나서, 모든 코에 실을 꿰서 조이고 안뜨기로 실 정리를 합니다.

※알아보기 쉽도록 실을 바꾸어 뜨고 있습니다.
※오른손 뜨는 법을 설명하고 있습니다. 왼손은 도안을 참조해서 대칭으로 뜹니다.

17 이어서 도안대로 뜹니다.

18 손바닥과 손등 경계(옆)에서는, 17의 '걸기코, 오른코 겹쳐 3코 모아뜨기, 걸기코'의 부분을 '걸기코, 오른코 겹쳐 2코 모아뜨기, 겉뜨기'로 뜹니다.

19 6단째가 완성된 모습.

20 오른손의 경우, 35단째의 1, 2코째는 겉뜨기로 뜨기 때문에 주의하고, 뜨기 도안대로 36단까지 만듭니다.

엄지손가락 위치뜨기

21 다음 단(보조실 위의 1단째)은 엄지손가락 위치 바로 직전까지 뜨면, 실을 쉬게 하고 지정된 엄지손가락 위치를 보조실로 뜹니다.

22 보조실로 뜬 모습.

23 보조실로 뜬 코를 비틀리지 않도록 주의하면서 왼쪽 바늘로 옮깁니다.

24 보조실로 뜬 코를 주워, 쉬게 놔둔 실로 뜹니다.

25 보조실로 뜬 코를 모두 주워 뜬 모습. 이 부분의 1단째와 2단째는 모두 겉뜨기를 합니다.

26 계속해서 도안대로 1단째의 무늬를 뜹니다.

27 뜨개 도안대로 뜨고, 새끼손가락~집게손가락을 뜨기 직전의 14단까지 뜬 모습. 실은 집게손가락을 뜰 때까지 쉬게 놔둡니다.

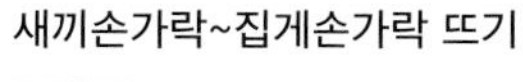

새끼손가락~집게손가락 뜨기

28 P.57의 오른손 그림을 참고하여, 집게손가락 14코, 가운뎃손가락 11코, 네 번째 손가락 11코를 보조실로 떠서 쉬게 놔둡니다. 새끼손가락은 12코를 4코씩 3개의 바늘에 겁니다.

29 새끼손가락의 손바닥 쪽부터 실을 이어서 뜨기 시작합니다. 손가락은 모두 겉뜨기로 뜹니다.

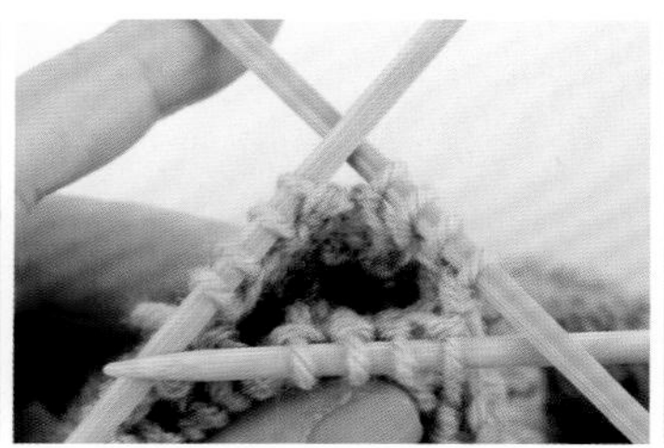

30 바늘에 건 12코를 뜹니다.

[w] 감아코 늘리기

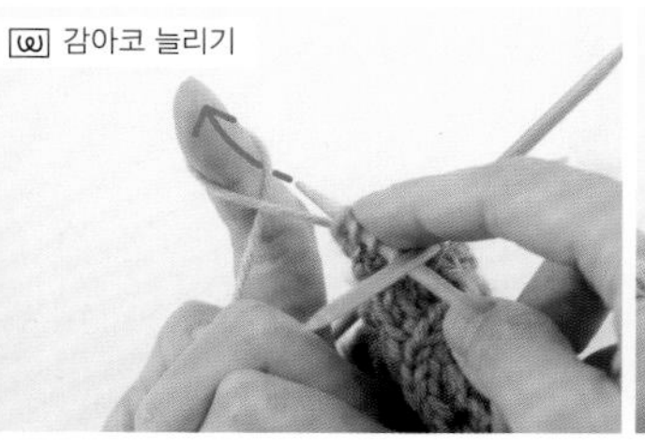

31 이어서 사진처럼 바늘에 실을 걸어, 감아코 늘리기를 합니다.

32 감아코 늘리기로 1코가 완성되었습니다.

33 또다시 1코를 감아코 늘리기 해서, 두께가 되는 2코의 감아코 만들기를 하면 1단째가 완성됩니다.

34 2단째 이후는 감아코 늘리기를 포함한 14코를 19단째까지 빙글빙글 원통형으로 뜹니다.

35 20단째는 3코를 뜨고 나서, 왼쪽에서 2코를 같이 바늘로 꿰어 왼코 겹쳐 2코 모아뜨기를 합니다.

36 왼코 겹쳐 2코 모아뜨기가 된 모습. 이어서 도안대로 지정 위치에서 왼코 겹쳐 2코 모아뜨기를 하면서 새끼손가락 마지막 단까지 만듭니다.

37 마지막 단까지 뜨면, 20cm 정도의 실 끝을 남겨둔 채 실을 돗바늘에 꿴니다. 바늘에 남은 5코에 2번 실을 통과시킵니다.

38 통과시킨 실을 조입니다. 실을 손가락의 중심에서 안쪽으로 통과시킵니다.

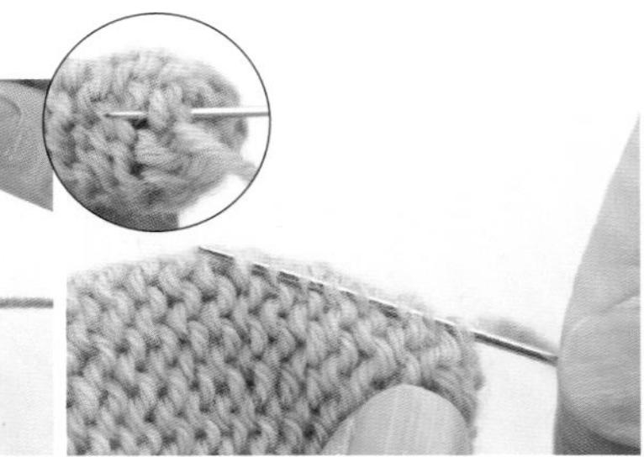

39 안쪽에서 실을 조인 부분을 고정하듯 실을 조금 떠내서 실 정리를 합니다.

40 다음은 네 번째 손가락을 뜹니다. 새끼손가락과 네 번째 손가락 사이는 사진처럼 되어 있습니다.

41 쉬게 했던 네 번째 손가락의 코를 3개의 바늘에 끼웁니다.

42 새끼손가락에서 감아코 늘리기를 한 부분의 걸쳐진 실(40의 ☆★)에 단코 표시링을 끼워둡니다.

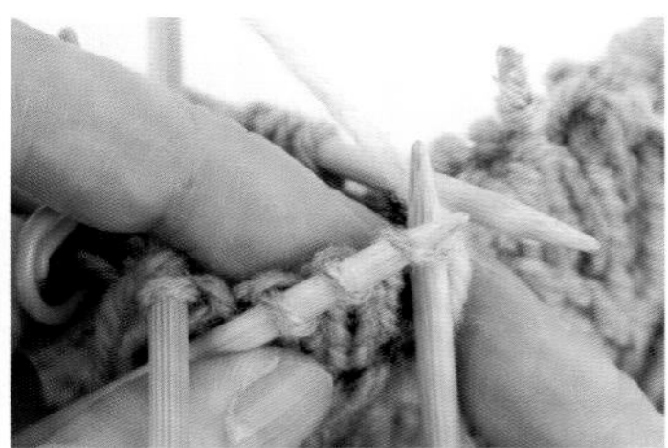

43 네 번째 손가락의 손바닥 쪽에서 실을 이어 4코를 뜹니다.

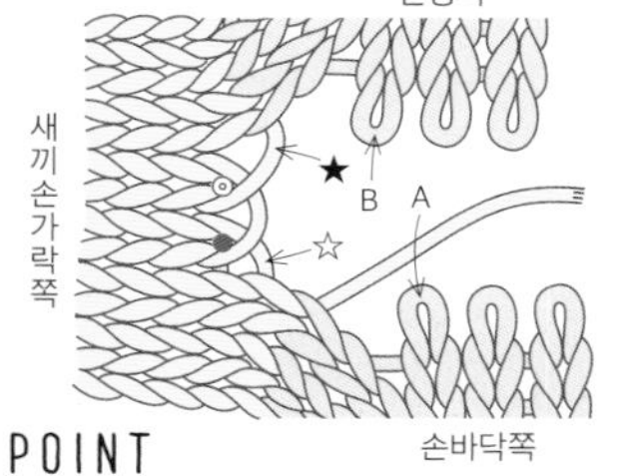

POINT

두께를 뜰 때는 두께와의 경계에 구멍이 생기기 때문에, 걸쳐진 실(☆★)을 비틀어 A, B의 코와 함께 2코 모아뜨기를 합니다(●◎는 두께의 감아코 늘리기).

44 먼저 5코째(A)와 걸쳐진 실(☆)을 오른코 겹쳐 2코 모아뜨기부터 합니다. 우선 5코째는 뜨지 않고 오른쪽 바늘로 옮깁니다.

45 그다음에 단코 표시링을 끌어올려 생긴 고리에 바늘을 넣습니다.

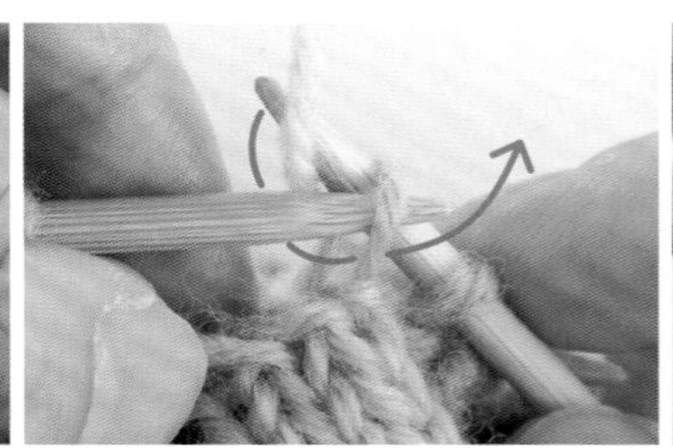

46 사진처럼 바늘을 넣어 겉뜨기를 합니다.

47 겉뜨기를 한 모습. 걸쳐진 실(☆)이 비틀려 실이 떠졌습니다.

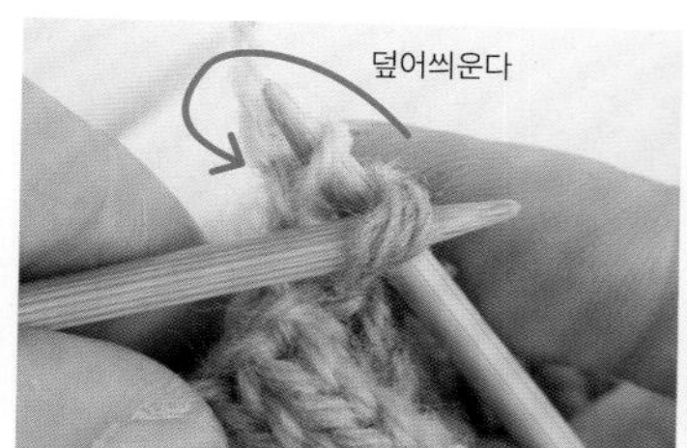

48 44에서 뜨지 않고 옮긴 코에 왼쪽 바늘을 넣어, 47에서 뜬 코에 덮어씌웁니다.

49 5코째(A)와 걸쳐진 실(☆)을 오른코 겹쳐 2코 모아뜨기가 된 모습.

50 이어서 첫 번째 감아코 늘리기(POINT의 ●표시)에 바늘을 넣습니다.

51 겉뜨기를 합니다.

52 두 번째 감아코 늘리기(POINT의 ◎표시)도 주워서 겉뜨기를 합니다.

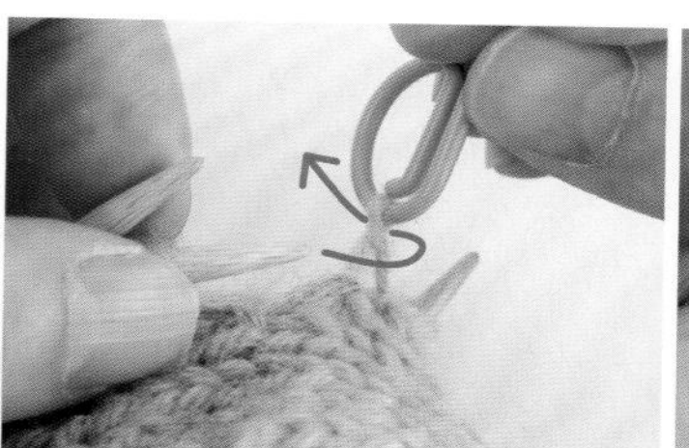

53 다음에 걸쳐진 실(★)과 8코째(B)를 왼코 겹쳐 2코 모아뜨기를 합니다. 또 하나의 단코 표시링을 끌어올려 실을 비틀 듯 화살표처럼 바늘을 끼웁니다.

54 바늘에 걸린 걸쳐진 실(★)이 비틀려 바늘에 걸려 있습니다.

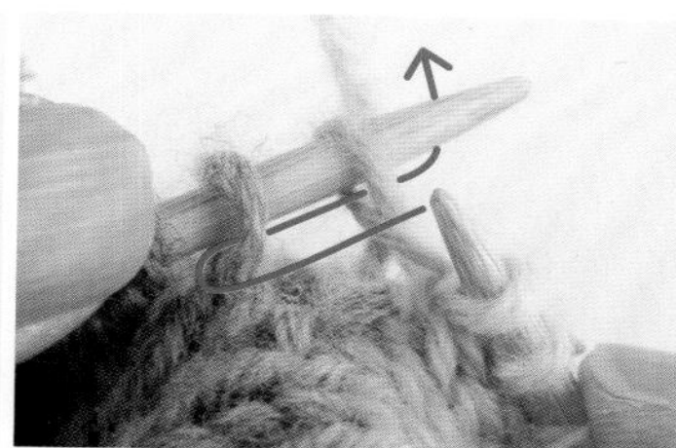

55 화살표처럼 왼쪽에서 2코에 바늘을 넣어, 2코를 같이 겉뜨기 합니다.

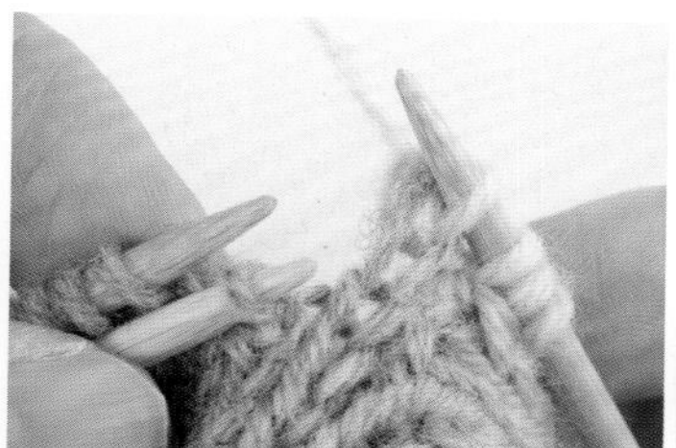

56 화살표처럼 왼쪽에서 2코에 바늘을 넣어, 2코를 같이 겉뜨기 합니다.

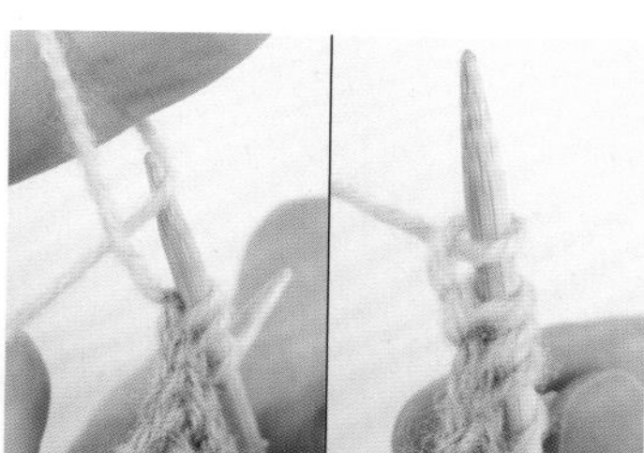

57 계속해서 1단째의 마지막 코까지 뜨고 나서, 33과 마찬가지로 두께가 되는 감아코 늘리기를 2코 만듭니다.

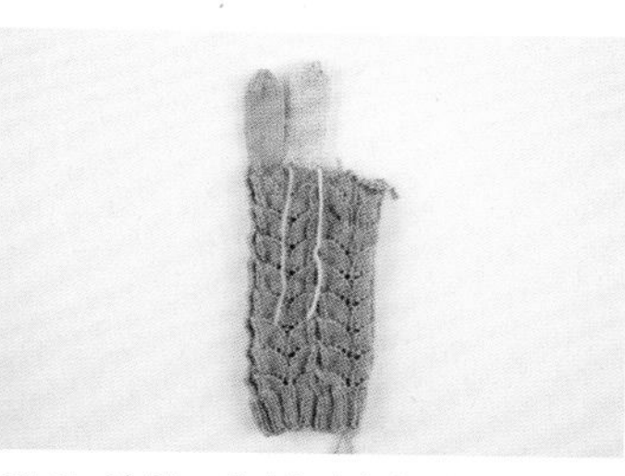

58 이후는 새끼손가락과 마찬가지로 손가락은 지정된 위치에서 왼코 겹쳐 감아뜨기를 하고, 마지막으로 남은 실로 조입니다. 네 번째 손가락이 완성된 모습.

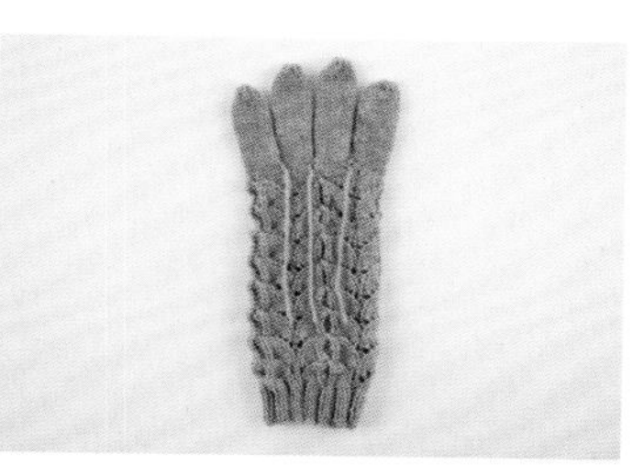

59 가운뎃손가락도 마찬가지로 실을 이어 두께를 주워 두께를 만들면서 뜹니다. 집게손가락은 본체의 쉬게 해둔 실로 뜨면서, 두께를 주워 뜹니다.

엄지손가락 뜨기

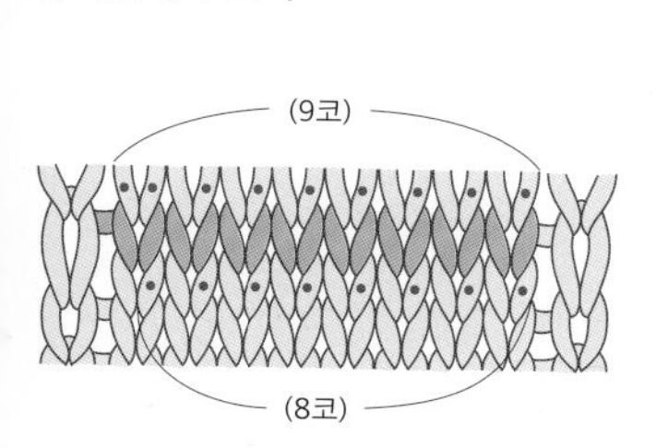

60 엄지손가락 위치에 떠 넣은 보조실 위아래, 그림의 ●의 부분을 주워서 바늘을 통과시킵니다.

61 바늘에 코를 통과시키면 보조실을 조심스럽게 빼냅니다.

62 보조실을 뺀 모습. 위쪽에는 9코가 바늘에 걸려 있습니다.

63 실을 이어서 아래쪽 1코째부터 뜨기 시작합니다.

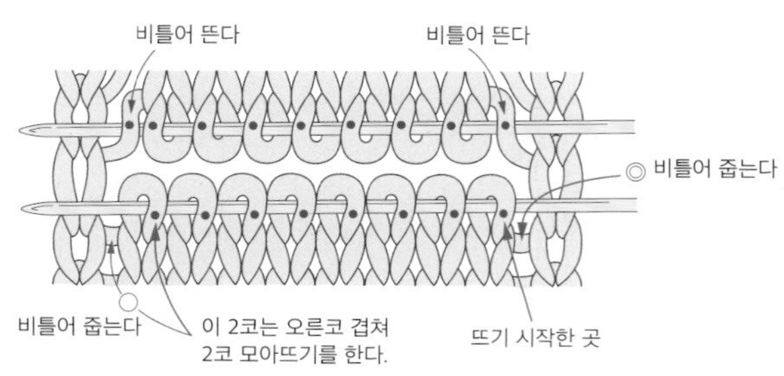

POINT

64~71은 위의 그림처럼 뜹니다. 양옆으로 구멍이 생기지 않도록 옆에서도 코를 주워 뜹니다.

64 우선 7코를 뜨고 나서, 8코째를 뜨지 않고 오른쪽 바늘로 옮깁니다.

65 옆의 걸쳐진 실(○)을 줍습니다.

66 주운 걸쳐진 실에 화살표처럼 오른쪽 바늘을 끼웁니다.

67 걸쳐진 실이 비틀리면, 그대로 겉뜨기를 합니다.

68 64에서 뜨지 않고 옮긴 코에 왼쪽 바늘을 넣어, 67에서 뜬 코에 덮어씌웁니다(오른코 겹쳐 2코 모아뜨기).

69 다음 코도 화살표처럼 바늘을 넣고 비틀어 겉뜨기를 합니다.

70 이어서 7코를 겉뜨기 하면, 화살표처럼 바늘을 넣어 마지막 1코를 비틀어 뜹니다.

71 마지막으로 옆의 걸쳐진 실(◎)을 주워, 화살표처럼 바늘을 넣어 비틀어 뜹니다.

72 총 18코를 주워, 엄지손가락 1단째가 완성되었습니다.

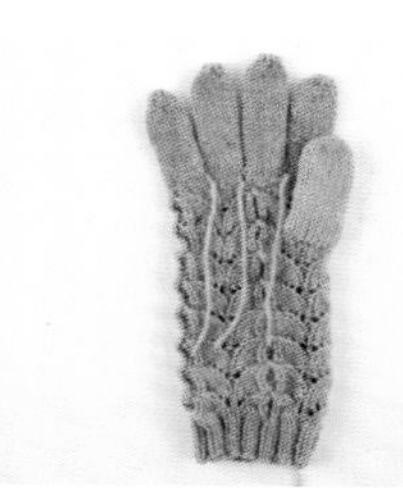

73 다른 손가락과 마찬가지로 도안에 맞춰 지정된 위치까지 왼코 겹쳐 2코 모아뜨기를 하여 엄지손가락이 완성된 모습.

실 정리하기

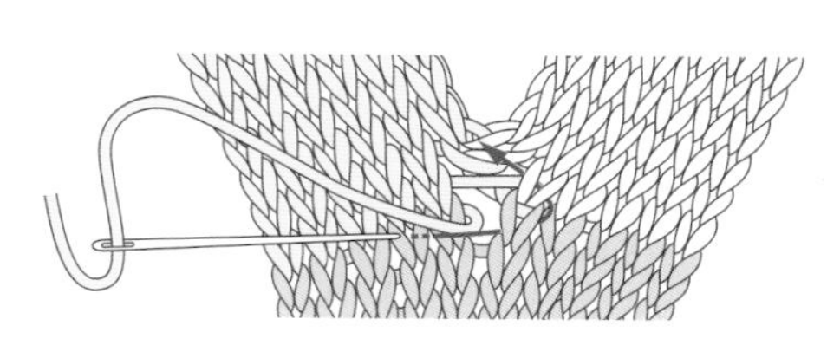

74 각 손가락의 뜨기 시작한 부분에 있는 실 끝은 구멍이 뚫리지 않도록 그림처럼 실을 통과시켜 안쪽으로 빼냅니다.

75 겉에서 보이지 않도록 안쪽에서 뜨개 바탕을 떠 올려 실 정리를 합니다.

76 뜨기 시작한 부분에 있는 실 끝은, 뜨기 시작한 부분의 코에 통과시켜 단차를 없앱니다.

77 75와 마찬가지로 안쪽에서 실 정리를 합니다.

작은 새 무늬 벙어리장갑

PHOTO_P.06
POINT LESSON_P.52

준비물

병태사 털실 오프화이트(35g), 검은색(35g)
(추천 실 : 하마나카 소노모노 아메리)
대바늘(길이가 짧은 바늘 5개) 5호

완성 치수

손바닥 둘레 20cm, 길이 27cm

게이지

가로세로 각각 10cm 배색뜨기 24코×26단

뜨개질 포인트

- 손가락 걸기코로 48코를 만들고, 원통형으로 배색뜨기를 22단 뜬다.
- 실을 가로로 걸치는 배색뜨기로, 엄지손가락 위치에는 보조실을 넣어 뜨면서 41단을 뜬다(오른손과 왼손은 엄지손가락 위치를 바꾸어 뜬다).
- 본체 손가락은 코 줄임을 하면서 9단을 뜨고, 남은 12코에 실을 두 번 통과시켜 조인다.
- 엄지손가락은 위아래로 코를 나누어 2개의 바늘로 코를 줍고, 보조실을 뺀다. 실을 이어 양 끝에 걸쳐진 실에서도 한 코씩 주워 16코로 하고, 원통형으로 뜬다. 마지막 단에서 코를 줄여 남은 8코에 실을 두 번 통과시켜 조인다.

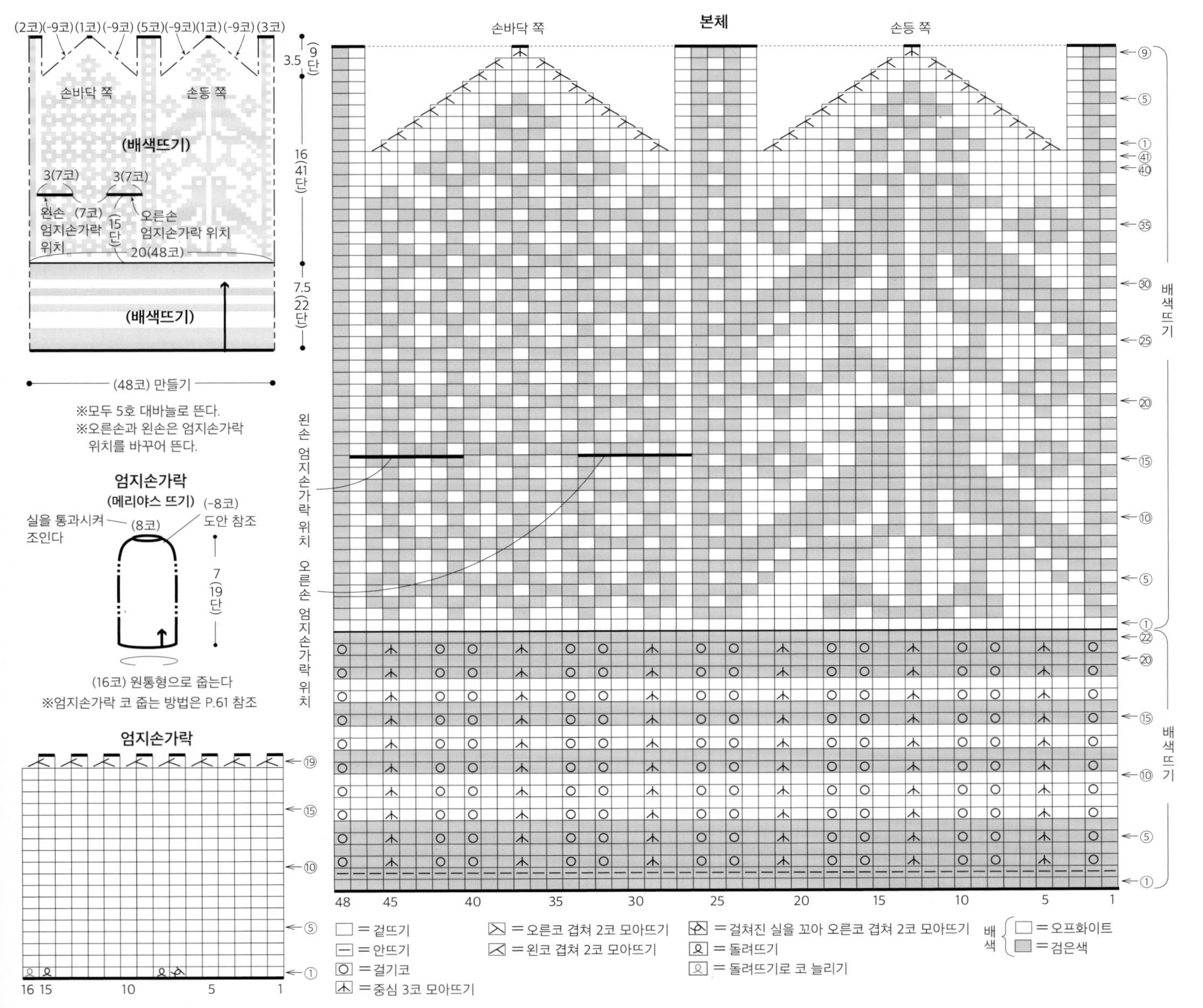

심플한 벙어리장갑

PHOTO_**P.04**

준비물

병태사 ~ 극태사 털실 파란색 50g, 베이지색 20g
(추천 실 : 리치모어 스펙트라 모뎀)
대바늘(길이가 짧은 바늘 5개) 8호, 6호

완성 치수

손바닥 둘레 21cm, 길이 25.5cm

게이지

가로세로 각각 10cm 배색뜨기 20코×23단

뜨개질 포인트

- 손가락 걸기코로 42코를 만들고, 원통형으로 1코 고무뜨기를 19단 뜬다.
- 바늘을 바꾸어 실을 가로로 걸치는 배색뜨기를 한다.
- 엄지손가락 위치에는 보조실을 떠 넣는데, 그 코를 다시 왼쪽 바늘로 옮기고 보조실 위를 이어지는 무늬로 뜬다(오른손과 왼손은 엄지손가락 위치를 바꾸어 뜬다).
- 본체 손가락 끝은 도안처럼 코 줄임을 하여 남은 6코에 실을 두 번 통과시켜 조인다.
- 엄지손가락은 위아래로 코를 나누어 2개의 바늘로 코를 줍고, 보조실을 뺀다. 실을 이어 양 끝에 걸쳐진 실에서도 한 코씩 주워 14코로 하고, 원통형으로 뜬다. 마지막 단에서 코를 줄여 남은 7코에 실을 두 번 통과시켜 조인다.

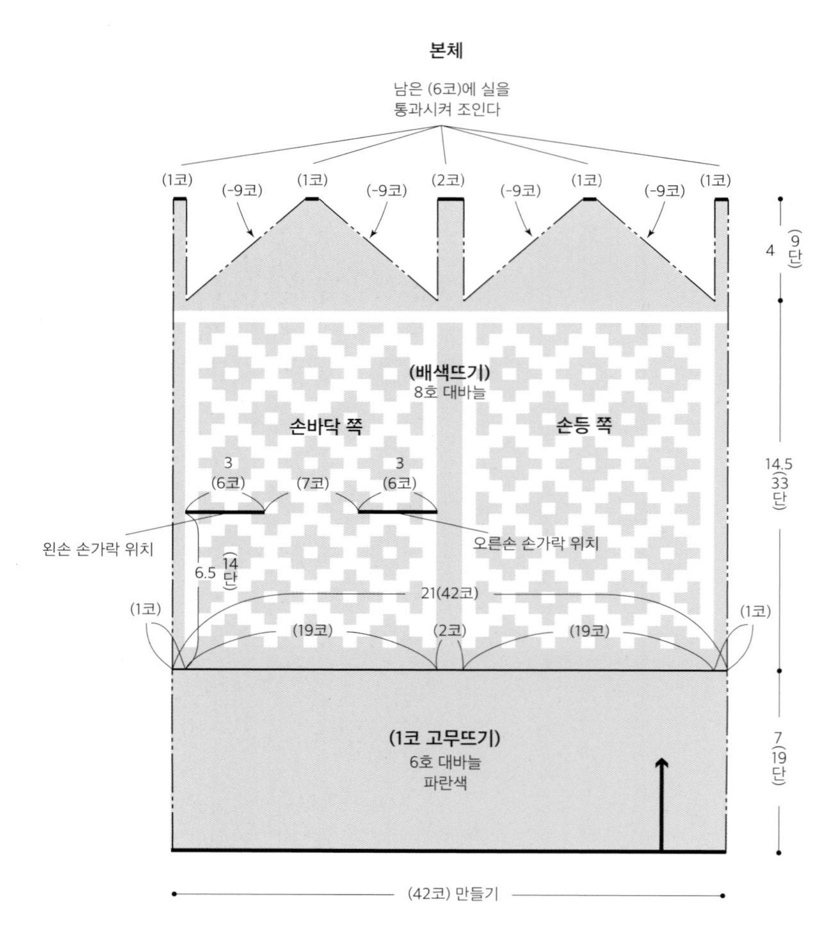

완성된 모습

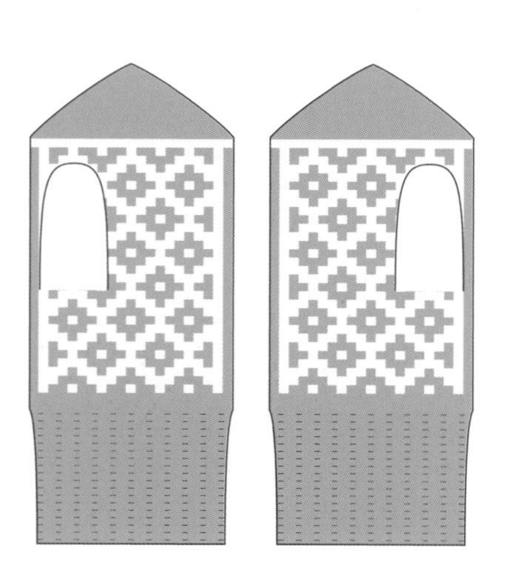

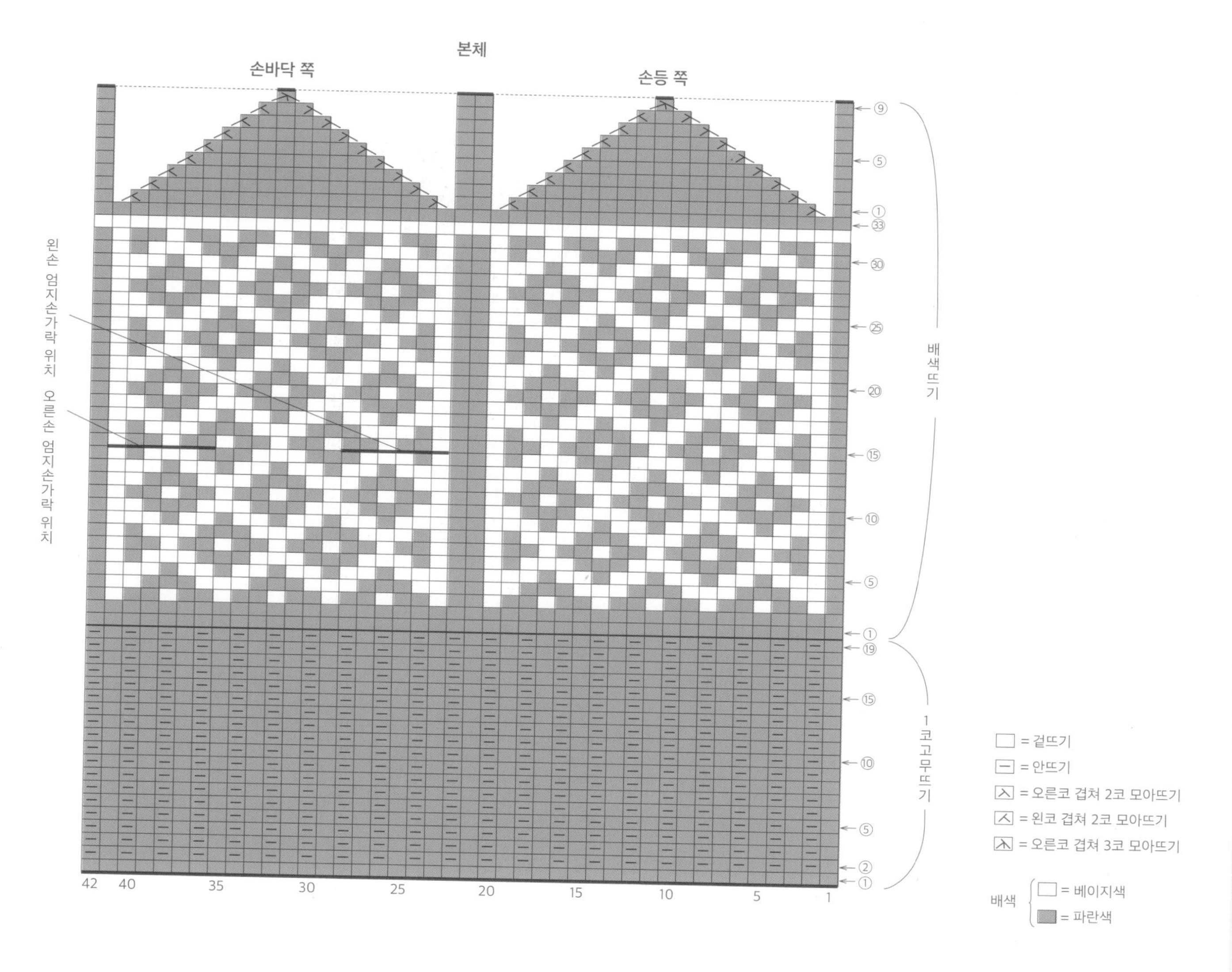

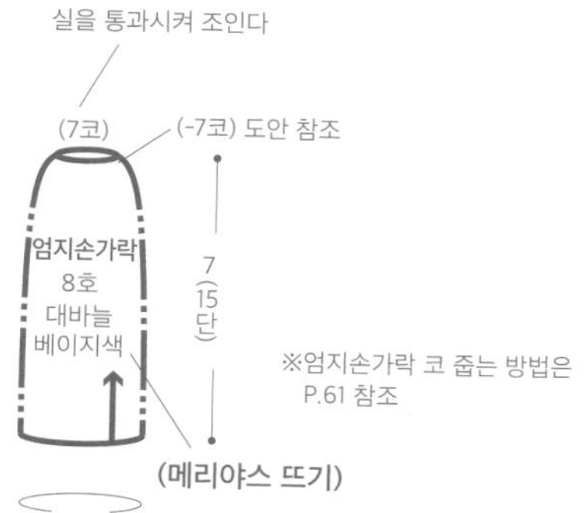

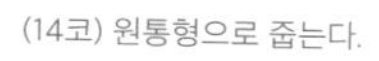

(14코) 원통형으로 줍는다.

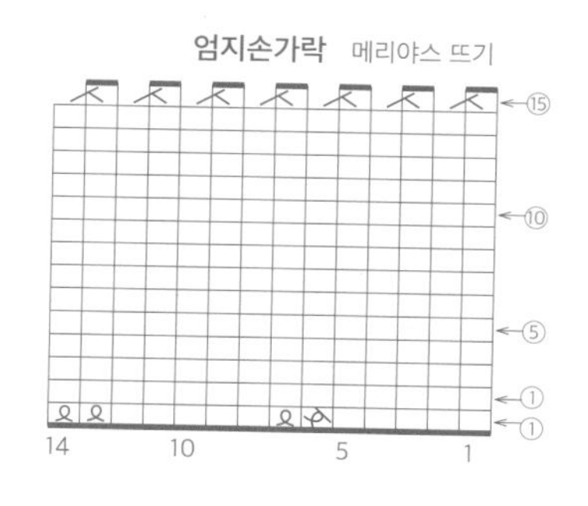

= 걸쳐진 실을 꼬아 오른코 겹쳐 2코 모아뜨기
= 돌려뜨기
= 돌려뜨기로 코 늘리기

꽃무늬 양말

PHOTO_**P.07**

준비물

하마나카 코로복쿠루 회색(14) 50g, 베이지색(2) 40g
대바늘(길이가 짧은 바늘 5개) 3호

완성 치수

발바닥 길이 22.5cm, 발등 둘레 22cm, 발목 길이 21.5cm

게이지

가로세로 각각 10cm 배색뜨기 32.5코×35단

뜨개질 포인트

- 손가락 걸기코로 72코를 만들고, 원통형으로 배색 2코 고무뜨기를 해서 양말 입구를 만들고, 이어서 배색뜨기로 발목 부분을 뜬다.
- 발등의 36코는 쉬게 두고, 뒤꿈치는 도안처럼 메리야스 뜨기로 왕복뜨기를 한다.
- 다시 원통형으로 발바닥과 발등을 배색뜨기 한다.
- 발끝은 메리야스 뜨기로 원통형으로 뜨고, 도안처럼 코 줄임을 한다. 마지막 단은 쉼코로 해서 메리야스 잇기로 양쪽 면을 맞춘다.
- 왼발은 오른발과 대칭으로 해서 뜬다.

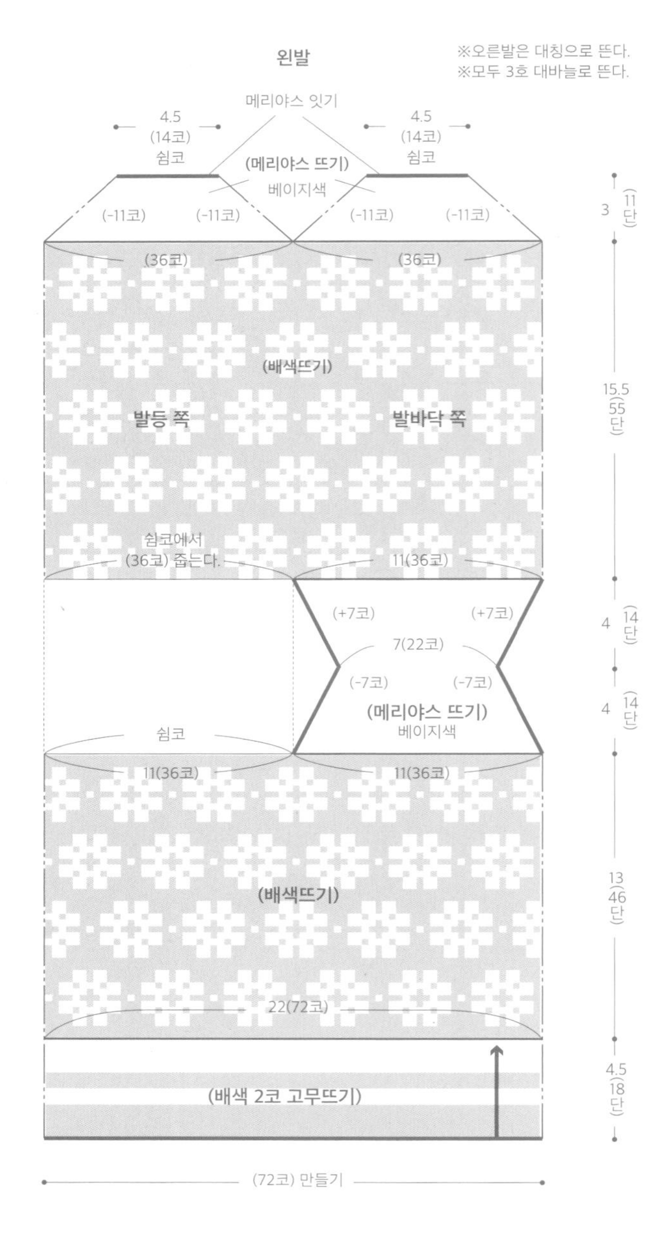

완성된 모습

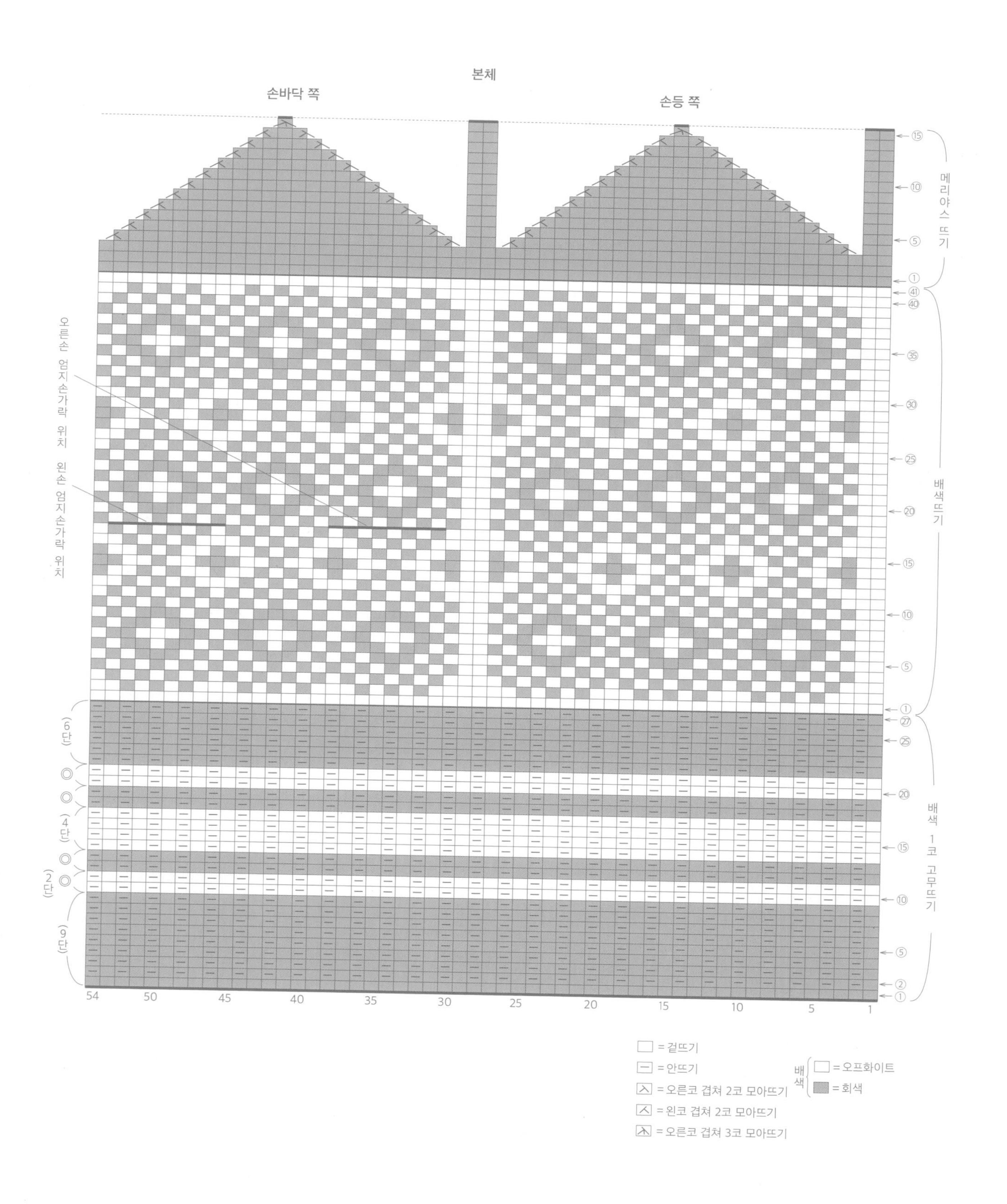
본체
손바닥 쪽
손등 쪽
메리야스 뜨기
배색뜨기
배색 1코 고무뜨기
오른손 엄지손가락 위치
왼손 엄지손가락 위치
(6단)
(4단)
(2단)
(9단)
54
50
45
40
35
30
25
20
15
10
5
1
= 겉뜨기
= 안뜨기
= 오른코 겹쳐 2코 모아뜨기
= 왼코 겹쳐 2코 모아뜨기
= 오른코 겹쳐 3코 모아뜨기
배색
= 오프화이트
= 회색

나무 무늬 벙어리장갑

PHOTO_**P.10**

준비물

하마나카 소노모노《합태》 오프화이트(1) 38g, 갈색(3) 30g
지름 13mm의 갈색 단추 2개
대바늘(길이가 짧은 바늘 5개) 5호, 4호

완성 치수

손바닥 둘레 20cm, 길이 24.5cm

게이지

가로세로 각각 10cm 배색뜨기 28코×30단

뜨개질 포인트

- 손가락 걸기코로 56코를 만들고, 원통형으로 1코 고무뜨기를 20단 뜬다. 도안의 위치에 맞춰 단춧구멍을 만든다.
- 바늘을 바꾸어 실을 가로로 걸치는 배색뜨기를 한다.
- 엄지손가락 위치에는 보조실을 떠 넣는데, 그 코를 다시 왼쪽 바늘로 옮기고 보조실 위를 이어지는 무늬로 뜬다(오른손과 왼손은 엄지손가락 위치를 바꾸어 뜬다).
- 본체 손가락 끝은 도안처럼 코 줄임을 하여 남은 8코에 실을 두 번 통과시켜 조인다.
- 엄지손가락은 위아래로 코를 나누어 2개의 바늘로 코를 줍고, 보조실을 뺀다. 실을 이어 양 끝에 걸쳐진 실에서도 한 코씩 주워 18코로 하고, 원통형으로 뜬다. 마지막 단에서 코를 줄여 남은 9코에 실을 두 번 통과시켜 조인다.
- 커프스는 손가락 걸기코로 13코를 만들어 1코 고무뜨기를 한다. 도안 위치에 단춧구멍을 만든다. 다 뜨고 나서, 마지막 단과 같은 코로 덮어씌워 코막음을 한다.
- 본체에 커프스와 단추를 단다.

본체

남은 (8코)에 실을 통과시켜 조인다
(메리야스 뜨기) 갈색
(1코) (-12코) (1코) (-12코) (3코) (-12코) (1코) (-12코) (2코)
4.5 (13단)
(배색뜨기) 5호
손바닥 쪽
손등 쪽
14.5 (44단)
3 (8코) (11코) 3 (8코) (2코)
왼손 엄지손가락 위치
오른손 엄지손가락 위치
6.5 (19단)
20(56코)
(1코) (25코) (3코) (25코) (2코)
커프스 휘감쳐 매다는 위치
(배색 1코 고무뜨기) 4호 대바늘 오프화이트
(9코) (1코) (9코)
11단 6단 10단 17단 3단
5.5 (20단)
갈색
단춧구멍
(56코) 만들기

어레인지용 머플러

준비물

하마나카 소노모노《합태》 오프화이트(1) 140g, 지름 13mm의 흰색 단추 4개
대바늘(2개) 5호, 10호

완성 치수

폭 11cm, 길이 129cm

게이지

가로세로 각각 10cm 배색뜨기 27.5코×25.5단

뜨개질 포인트

※실은 두 가닥을 잡고 뜬다.

- 손가락 걸기코로 57코를 만들고, 1코 고무뜨기를 24단 뜬다. 바늘을 바꾸어 1단째에서 3코 늘리기를 하고, 무늬뜨기를 한다.
- 288단 짜면 바늘을 바꿔, 3코 코 줄이기를 하여 1코 고무뜨기를 한다. 다 뜨고 나서, 마지막 단과 같은 코로 덮어씌워 코막음을 한다.
- 단추를 단다.

※도안은 P.74

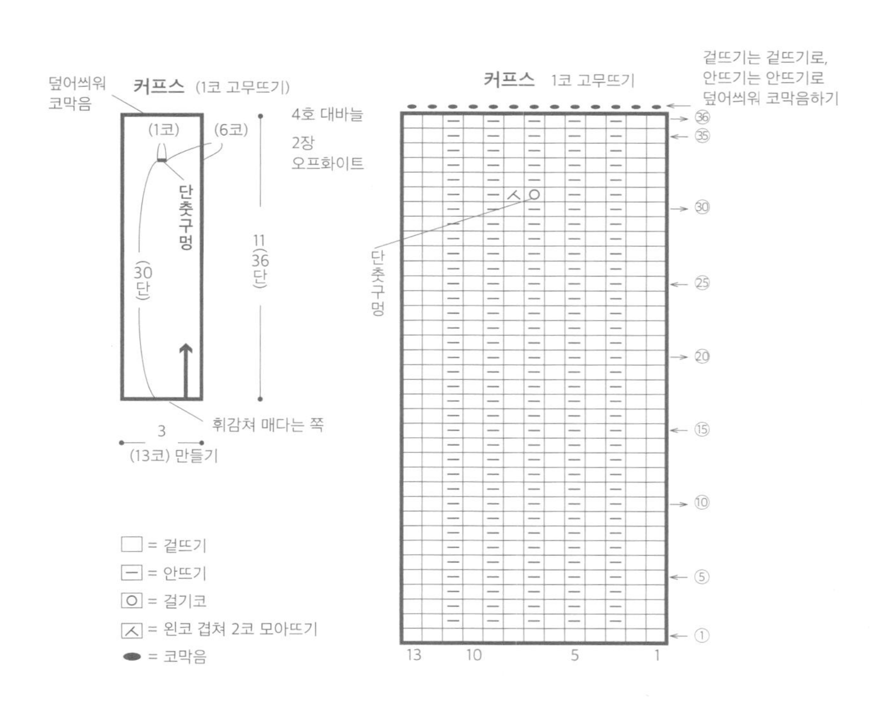

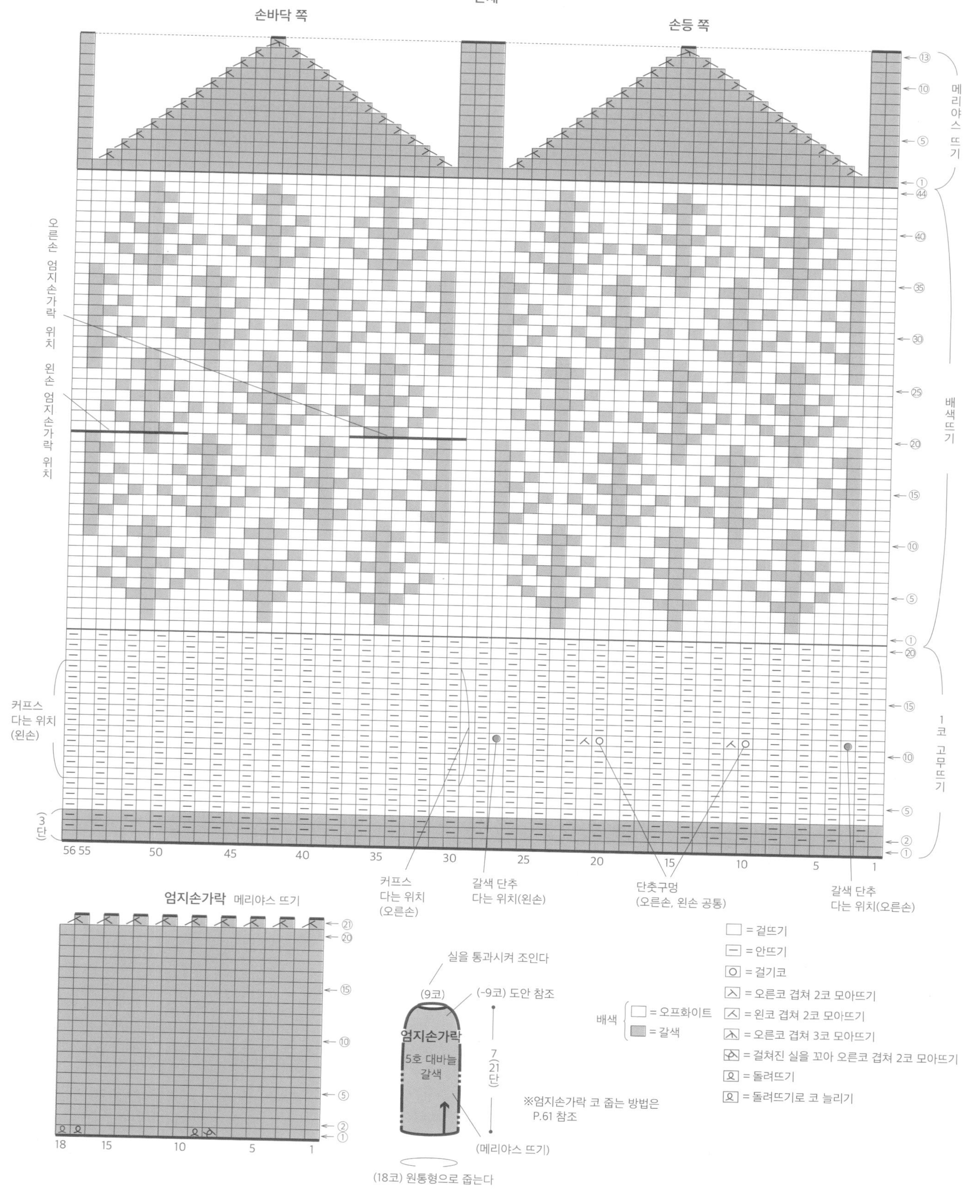

본체
손바닥 쪽
손등 쪽
메리야스 뜨기
배색뜨기
1코 고무뜨기
오른손 엄지손가락 위치
왼손 엄지손가락 위치
커프스 다는 위치(왼손)
(3단)
커프스 다는 위치(오른손)
갈색 단추 다는 위치(왼손)
단춧구멍 (오른손, 왼손 공통)
갈색 단추 다는 위치(오른손)
엄지손가락 메리야스 뜨기
실을 통과시켜 조인다
(9코)
(-9코) 도안 참조
엄지손가락
5호 대바늘
갈색
7 (21단)
(메리야스 뜨기)
(18코) 원통형으로 줍는다
※엄지손가락 코 줍는 방법은 P.61 참조
□ = 겉뜨기
□ = 안뜨기
□ = 걸기코
□ = 오른코 겹쳐 2코 모아뜨기
□ = 왼코 겹쳐 2코 모아뜨기
□ = 오른코 겹쳐 3코 모아뜨기
□ = 걸쳐진 실을 꼬아 오른코 겹쳐 2코 모아뜨기
□ = 돌려뜨기
□ = 돌려뜨기로 코 늘리기
배색 □ = 오프화이트
□ = 갈색

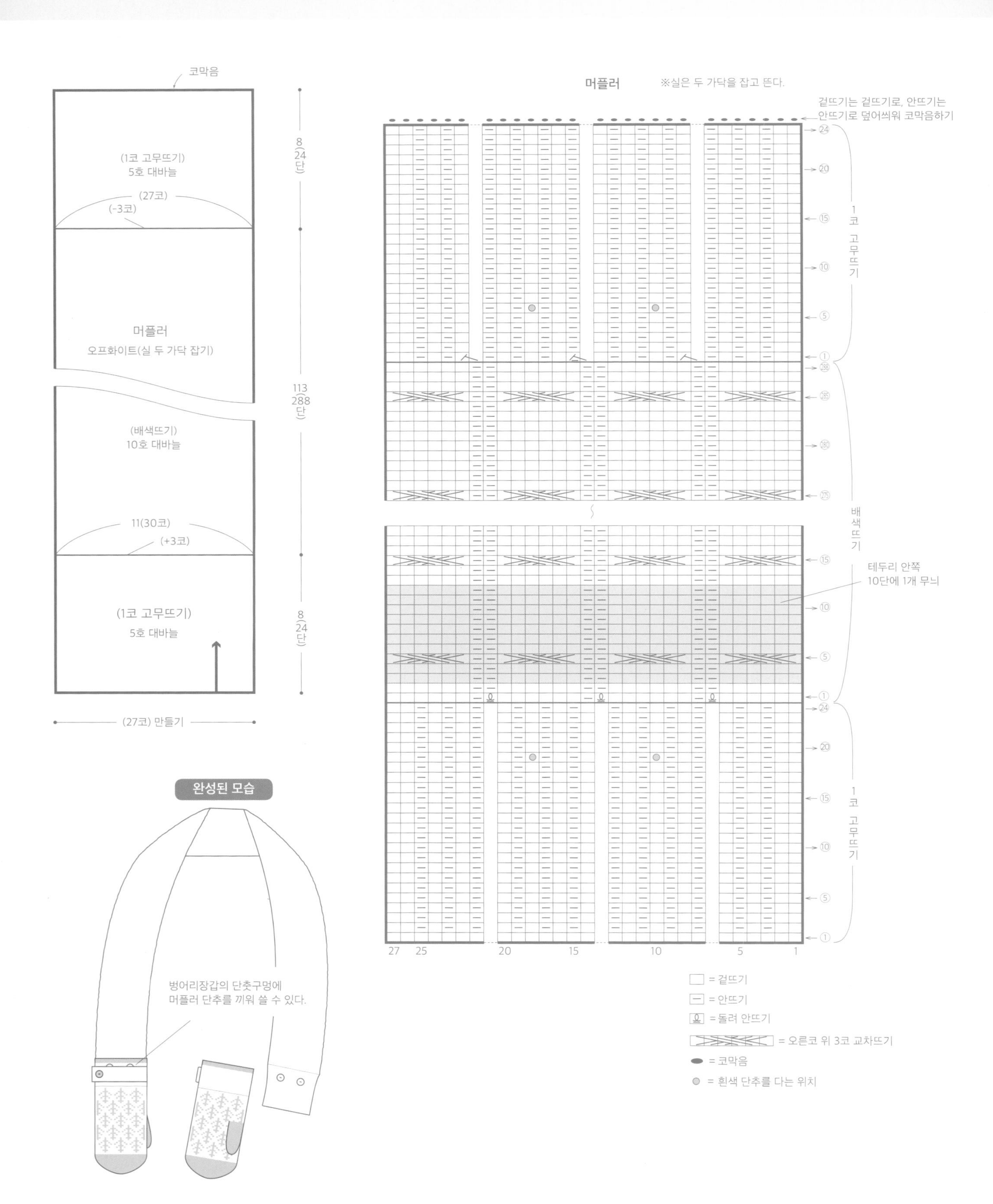

코막음
(1코 고무뜨기)
5호 대바늘
(27코)
(-3코)
8
24
단
머플러
오프화이트(실 두 가닥 잡기)
113
288
단
(배색뜨기)
10호 대바늘
11(30코)
(+3코)
(1코 고무뜨기)
5호 대바늘
8
24
단
(27코) 만들기
완성된 모습
벙어리장갑의 단춧구멍에
머플러 단추를 끼워 쓸 수 있다.
머플러
※실은 두 가닥을 잡고 뜬다.
겉뜨기는 겉뜨기로, 안뜨기는
안뜨기로 덮어씌워 코막음하기
1코 고무뜨기
배색뜨기
테두리 안쪽
10단에 1개 무늬
1코 고무뜨기
27
25
20
15
10
5
1
= 겉뜨기
= 안뜨기
= 돌려 안뜨기
= 오른코 위 3코 교차뜨기
= 코막음
= 흰색 단추를 다는 위치

다람쥐 무늬 벙어리장갑

PHOTO_P.13

준비물

하마나카 아란 트위드 오프화이트(1) 40g, 갈색(8) 30g
대바늘(길이가 짧은 바늘 5개) 7호, 6호

완성 치수

손바닥 둘레 21cm, 길이 24cm

게이지

가로세로 각각 10cm 배색뜨기 21코×24.5단

뜨개질 포인트

- 왼손은 손가락 걸기코로 38코를 만들고, 원통형으로 배색 1코 고무뜨기를 15단 뜬다.
- 바늘을 바꾸어 1단째에서 6코 늘리기를 하고, 실을 가로로 걸치는 배색뜨기를 한다.
- 엄지손가락 위치에는 보조실을 떠 넣는데, 그 코를 다시 왼쪽 바늘로 옮기고 보조실 위를 이어지는 무늬로 뜬다.
- 본체 손가락 끝은 도안처럼 코 줄임을 하여 남은 8코에 실을 두 번 통과시켜 조인다.
- 엄지손가락은 위아래로 코를 나누어 2개의 바늘로 코를 줍고, 보조실을 뺀다. 실을 이어 양 끝에 걸쳐진 실에서도 한 코씩 주워 14코로 하고, 원통형으로 뜬다. 마지막 단에서 코를 줄여 남은 7코에 실을 두 번 통과시켜 조인다.
- 오른손은 도안을 참조하여 왼손과 같은 방식으로 뜬다.

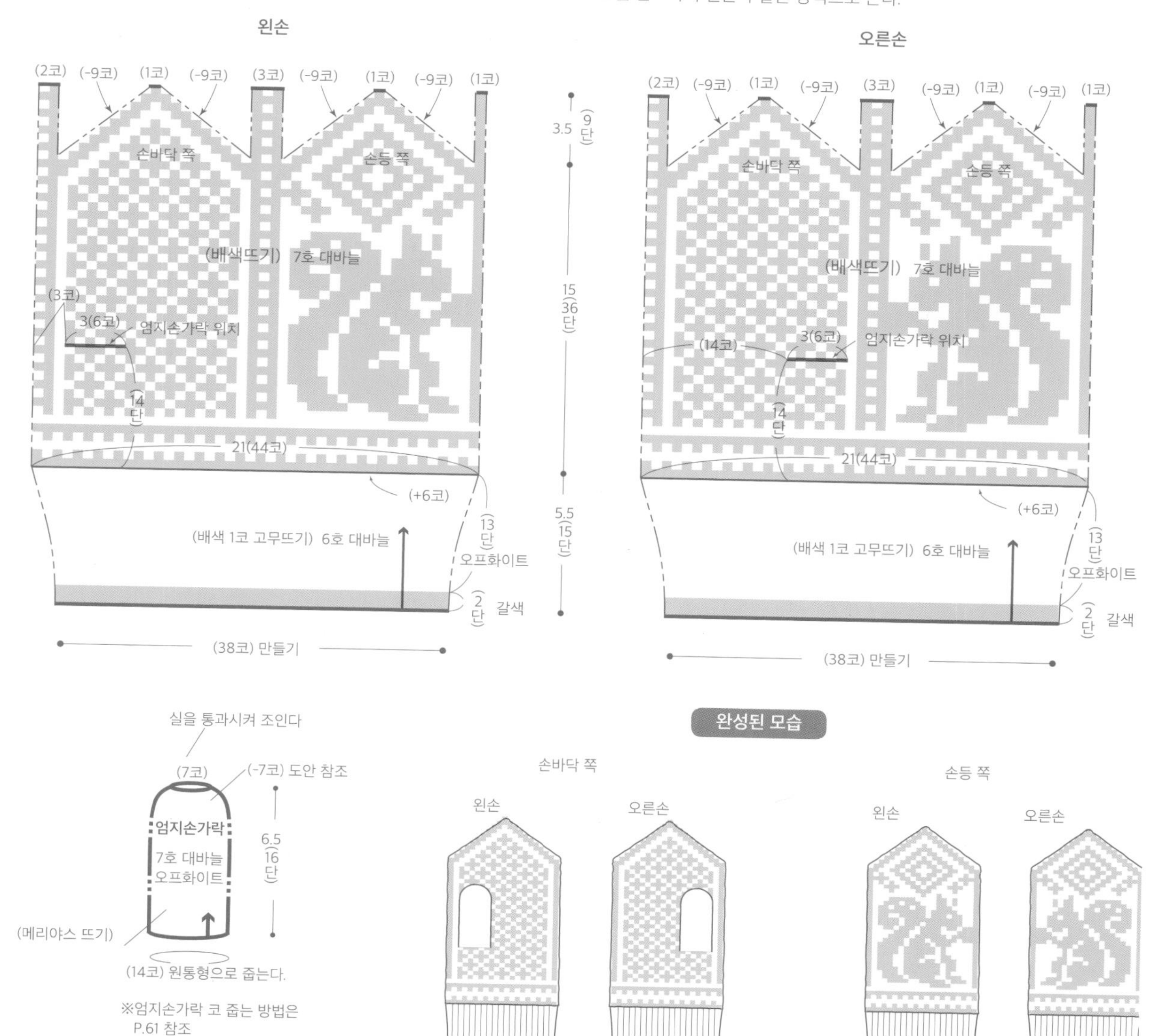

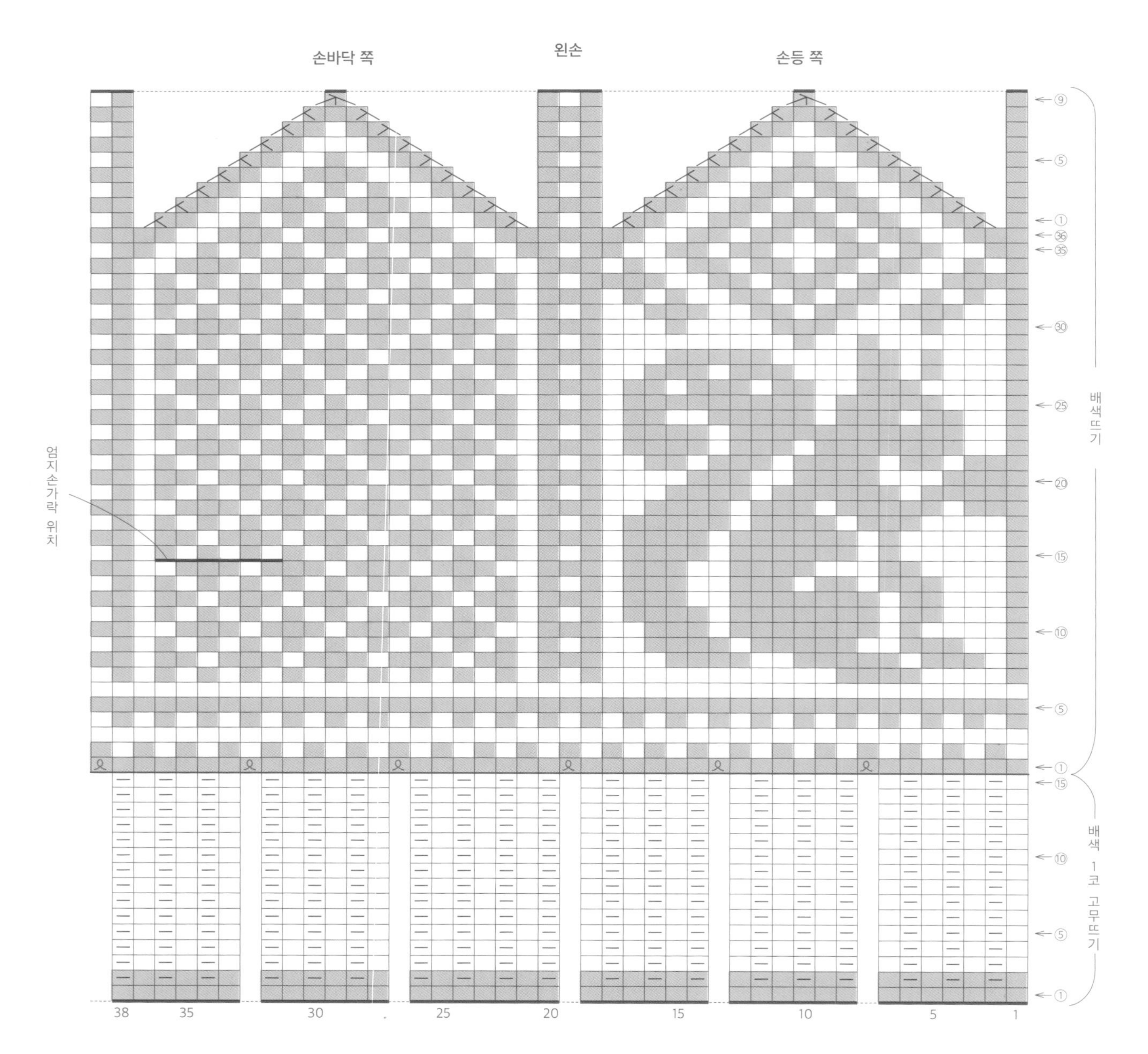

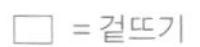

□ = 겉뜨기

⊟ = 안뜨기

= 돌려뜨기로 코 늘리기

= 오른코 겹쳐 2코 모아뜨기

= 왼코 겹쳐 2코 모아뜨기

= 오른코 겹쳐 3코 모아뜨기

= 걸쳐진 실을 꼬아 오른코 겹쳐 2코 모아뜨기

= 돌려뜨기

배색
□ = 오프화이트
■ = 갈색

엄지손가락

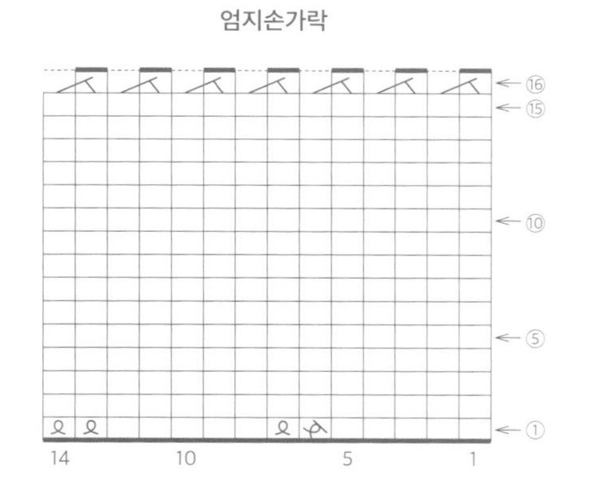

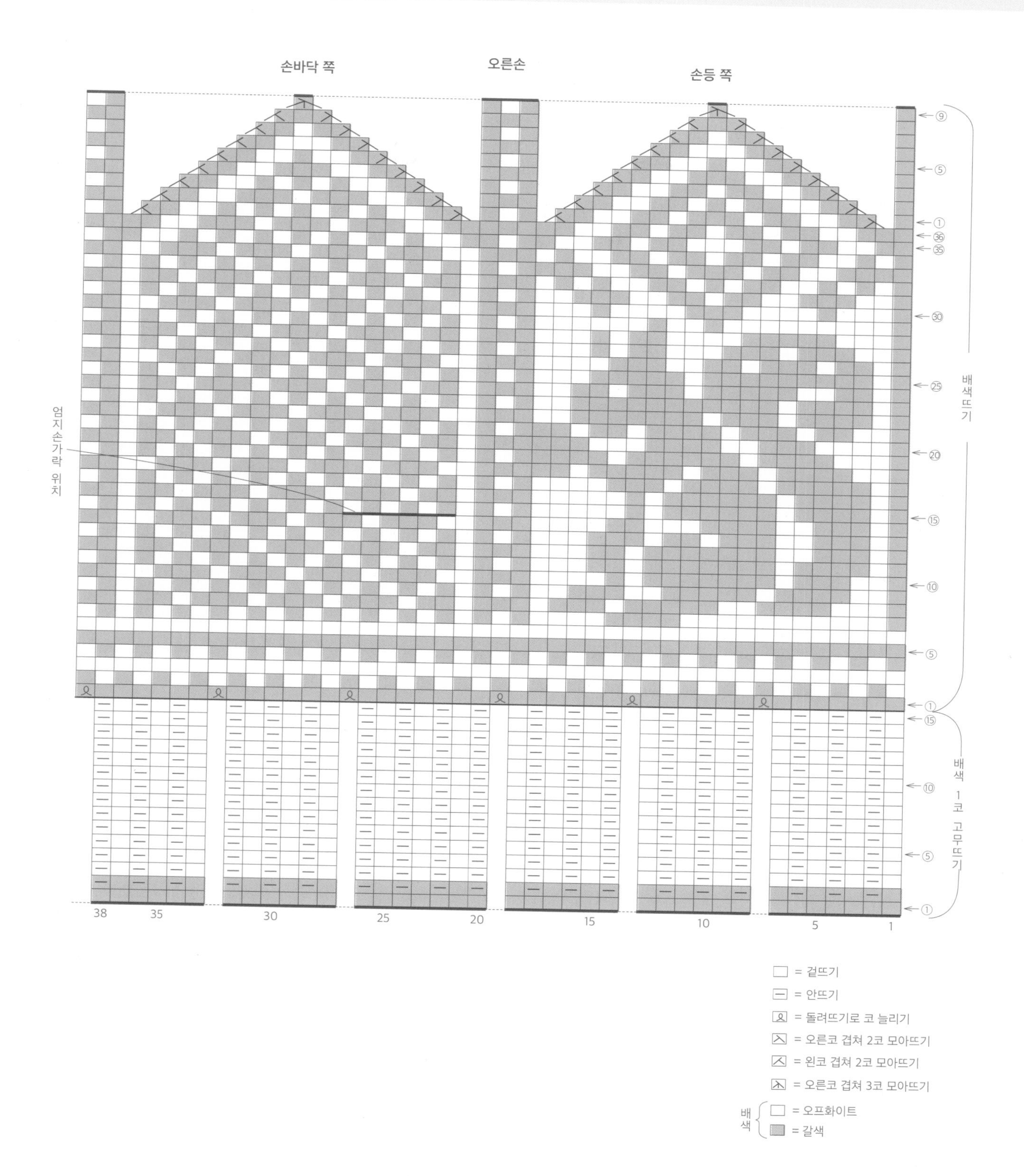

□ = 겉뜨기

⊟ = 안뜨기

Ƨ = 돌려뜨기로 코 늘리기

⋋ = 오른코 겹쳐 2코 모아뜨기

⋌ = 왼코 겹쳐 2코 모아뜨기

⋏ = 오른코 겹쳐 3코 모아뜨기

배색 { □ = 오프화이트, ■ = 갈색 }

꽃무늬 벙어리장갑

PHOTO_P.12

준비물

병태사 털실 차콜 그레이 55g, 노란색 20g
(추천 실 : 하마나카 아메리)
대바늘(길이가 짧은 바늘 5개) 5호, 4호

완성 치수

손바닥 둘레 21cm, 길이 27cm

게이지

가로세로 각각 10cm 배색뜨기 24코×26단

뜨개질 포인트

- 손가락 걸기코로 44코를 만들고, 원통형으로 2코 고무뜨기를 24단 뜬다.
- 바늘을 바꾸어 1단째에서 6코 늘리기를 하고, 실을 가로로 걸치는 배색뜨기를 한다.
- 엄지손가락 위치에는 보조실을 떠 넣는데, 그 코를 다시 왼쪽 바늘로 옮기고 보조실 위를 이어지는 무늬로 뜬다(오른손과 왼손은 엄지손가락 위치를 바꾸어 뜬다).
- 본체 손가락 끝은 도안처럼 코 줄임을 하여 남은 10코에 실을 두 번 통과시켜 조인다.
- 엄지손가락은 위아래로 코를 나누어 2개의 바늘로 코를 줍고, 보조실을 뺀다. 실을 이어 양 끝에 걸쳐진 실에서도 한 코씩 주워 16코로 하고, 원통형으로 뜬다. 마지막 단에서 코를 줄여 남은 8코에 실을 두 번 통과시켜 조인다.

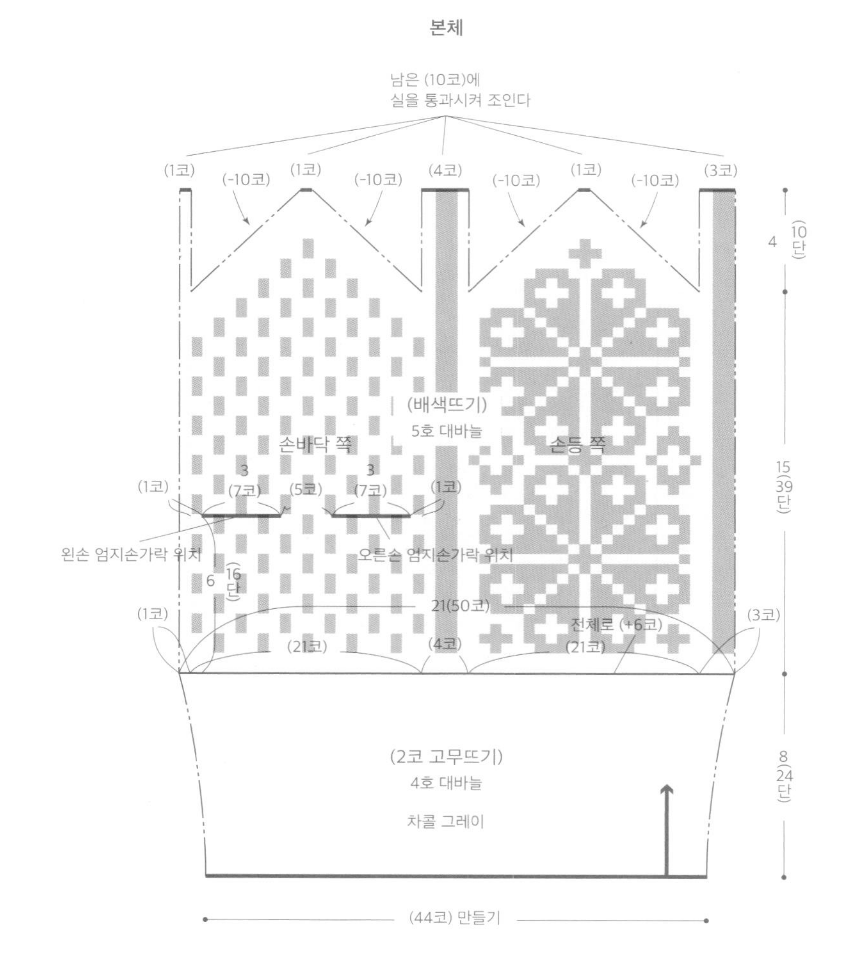

완성된 모습

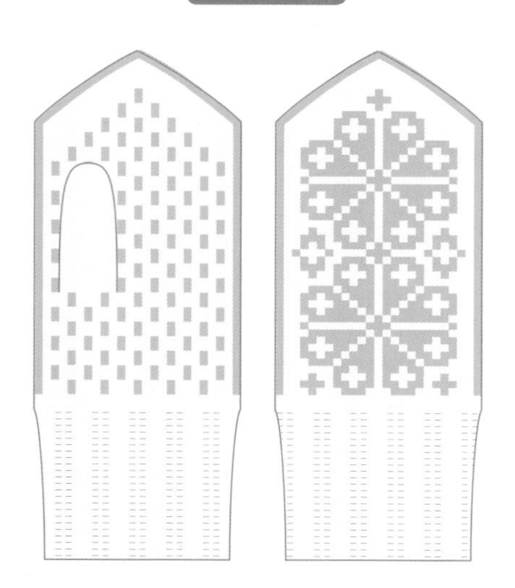

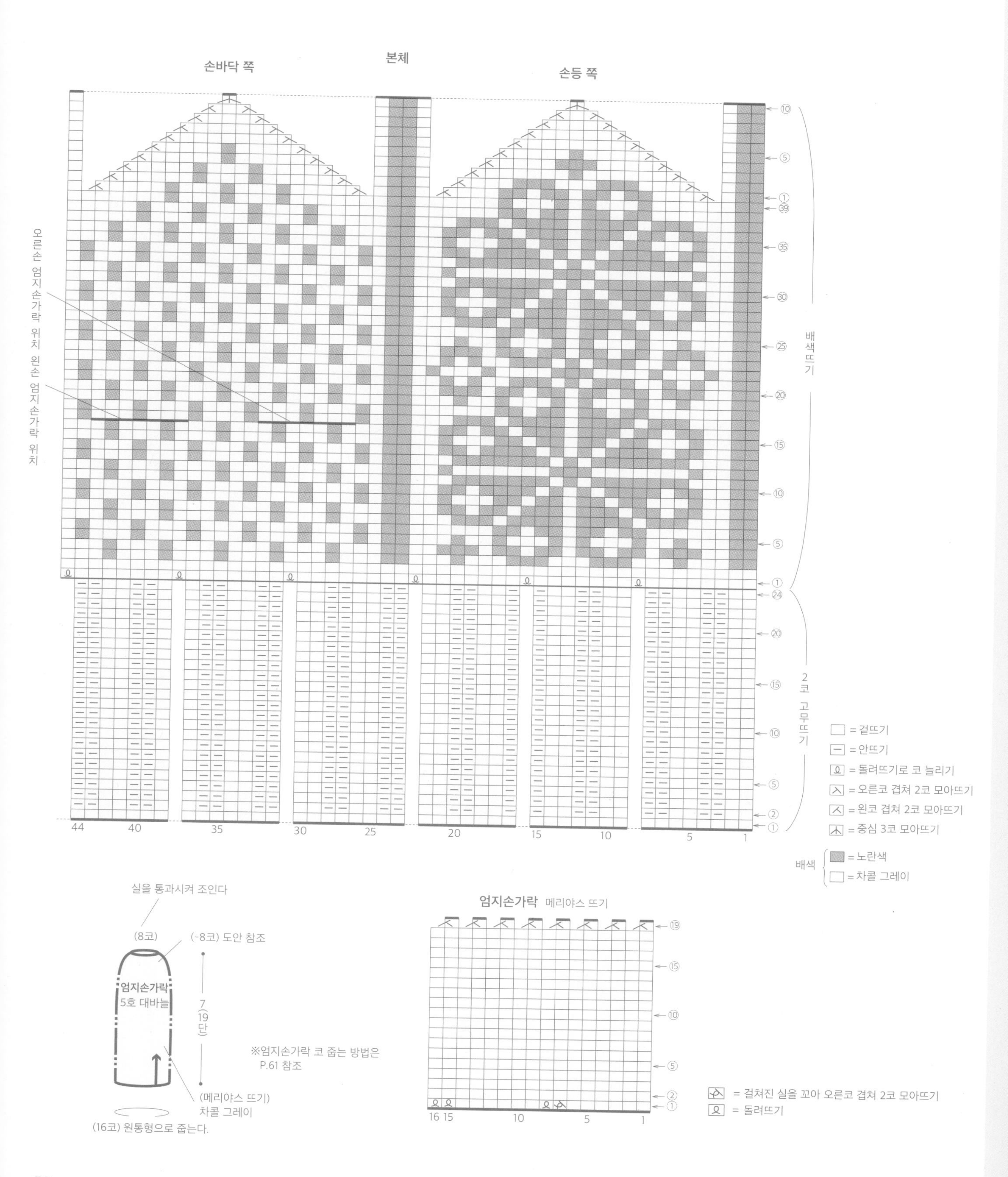
본체
손바닥 쪽
손등 쪽
오른손 엄지손가락 위치 왼손 엄지손가락 위치
배색뜨기
2코 고무뜨기
44
40
35
30
25
20
15
10
5
1
□ = 겉뜨기
⊟ = 안뜨기
= 돌려뜨기로 코 늘리기
= 오른코 겹쳐 2코 모아뜨기
= 왼코 겹쳐 2코 모아뜨기
= 중심 3코 모아뜨기
배색
■ = 노란색
□ = 차콜 그레이
실을 통과시켜 조인다
(8코)
(-8코) 도안 참조
엄지손가락
5호 대바늘
7 (19단)
(메리야스 뜨기)
차콜 그레이
(16코) 원통형으로 줍는다.
※엄지손가락 코 줍는 방법은 P.61 참조
엄지손가락 메리야스 뜨기
16 15
10
5
1
= 걸쳐진 실을 꼬아 오른코 겹쳐 2코 모아뜨기
= 돌려뜨기

색이 다른 방울 모자

PHOTO_P.14

준비물

P14 • 배색 1 … 하마나카 맨즈클럽 마스터 남색(23) 85g, 빨간색(42) 20g, 옅은 베이지색(27) 10g
P15 • 배색 2 … 하마나카 맨즈클럽 마스터 옅은 베이지색(27) 85g, 남색(23) 30g
공통 … 대바늘(4개) 10호, 8호

완성 치수

머리둘레 52cm, 길이 24cm

게이지

가로세로 각각 10cm 배색뜨기, 메리야스 뜨기 17코×20단

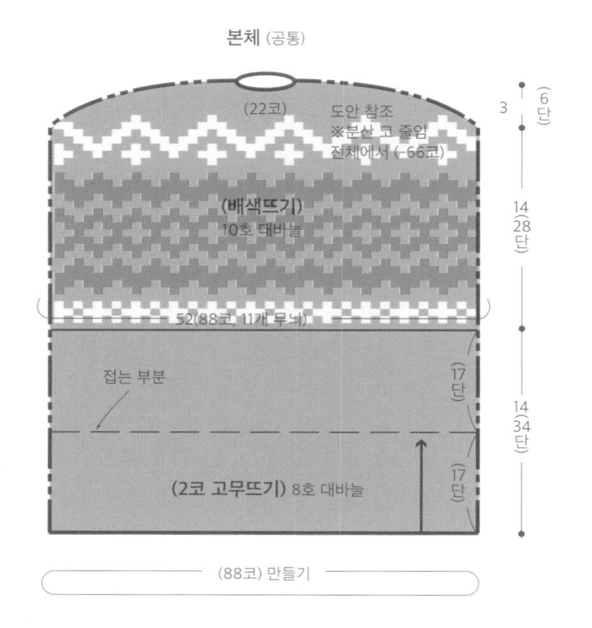

뜨개질 포인트

- 손가락 걸기코로 88코를 만들고, 원통형으로 2코 고무뜨기를 34단 뜬다.
- 바늘을 바꾸어 실을 가로로 걸치는 배색뜨기를 28단, 분산 코 줄임을 하면서 6단 뜬다.
- 남은 22코에 1코씩 걸러서 실을 한 바퀴 통과시킨 다음, 두 바퀴째는 앞서 한 바퀴를 돌 때 꿰지 않았던 코에 실을 통과시켜 조인다.
- 방울은 도안을 참조하여 만들고, 본체 꼭대기에 꿰매어 단다.

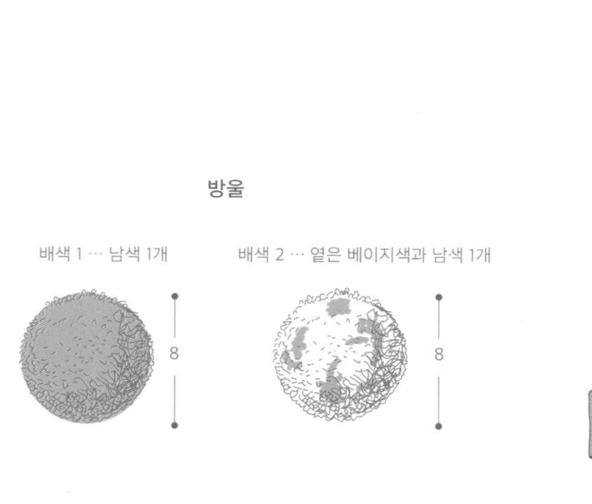

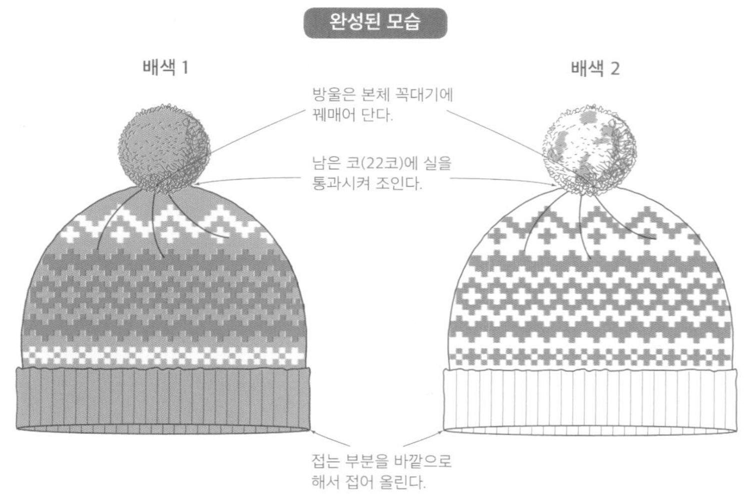

방울 만드는 법

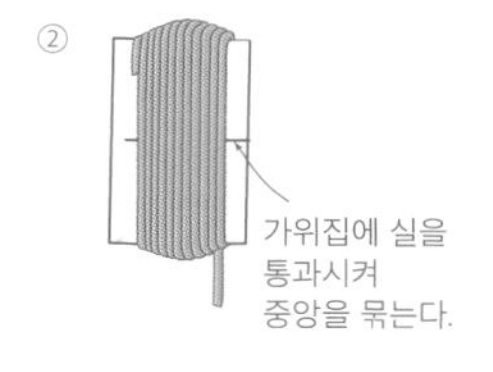

배색 1 … 남색 실로만 감는다.
배색 2 … 거의 옅은 베이지색으로 감고, 군데군데 남색 실을 섞어 감는다.

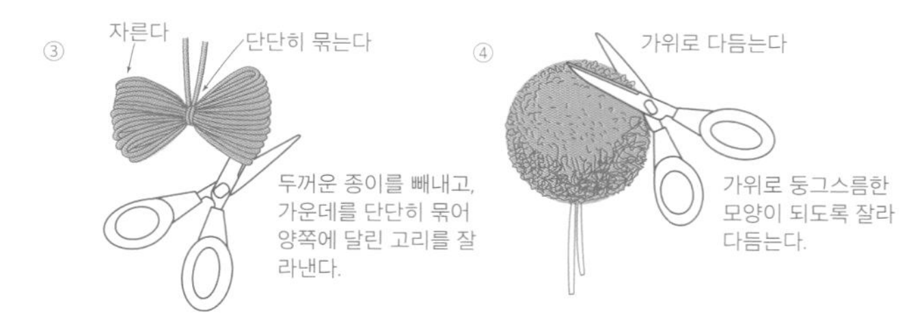

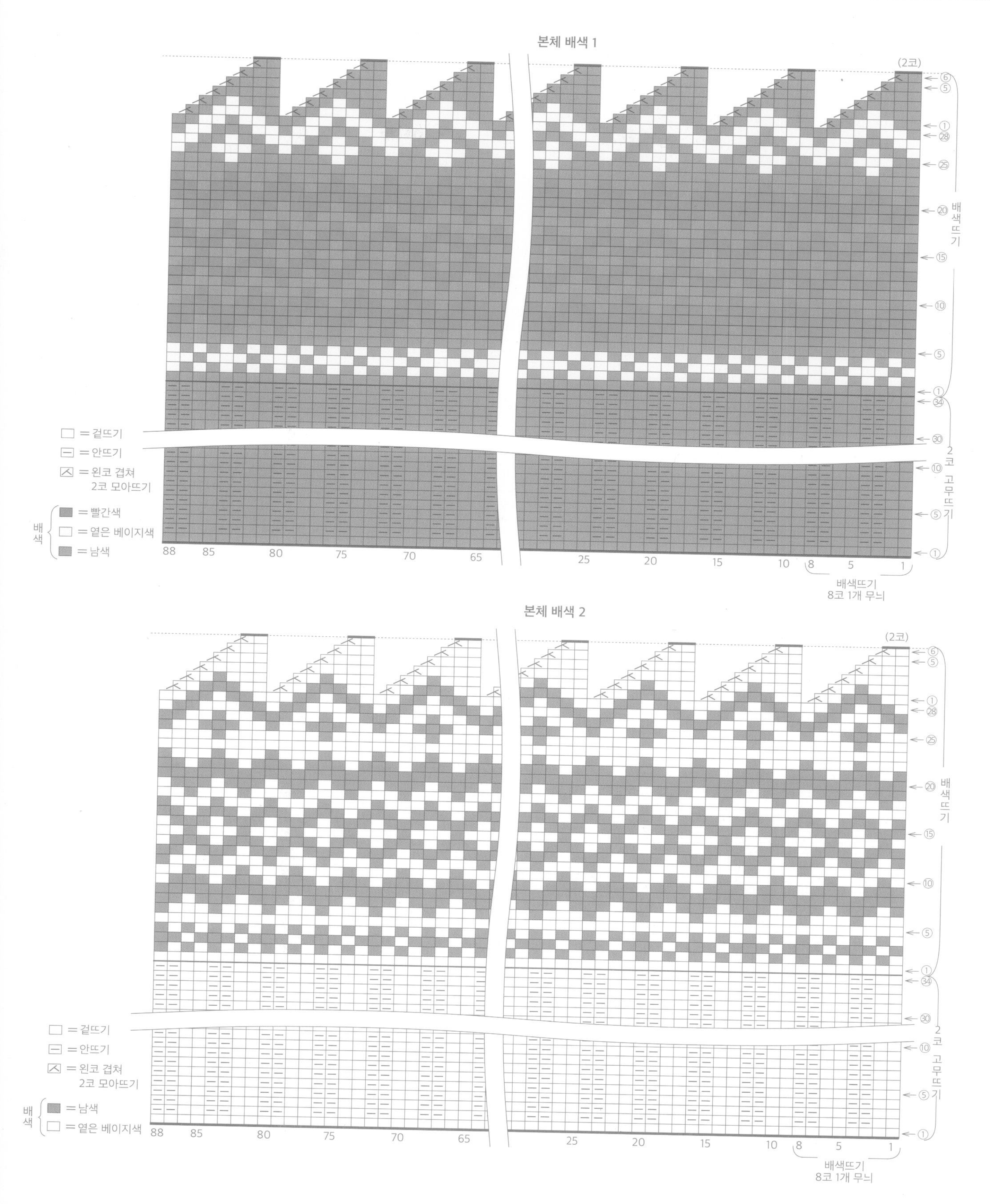
본체 배색 1
(2코)
배색뜨기
2코 고무뜨기
□ = 겉뜨기
⊟ = 안뜨기
⊼ = 왼코 겹쳐 2코 모아뜨기
배색
■ = 빨간색
□ = 옅은 베이지색
■ = 남색
88 85 80 75 70 65 25 20 15 10 8 5 1
배색뜨기 8코 1개 무늬
본체 배색 2
(2코)
배색뜨기
2코 고무뜨기
□ = 겉뜨기
⊟ = 안뜨기
⊼ = 왼코 겹쳐 2코 모아뜨기
배색
■ = 남색
□ = 옅은 베이지색
88 85 80 75 70 65 25 20 15 10 8 5 1
배색뜨기 8코 1개 무늬

어린이용 마린 모자

PHOTO_P.16

준비물

하마나카 맨즈클럽 옅은 베이지색(27) 44g, 빨간색(42) 10g,
파란색(62) 10g
대바늘(4개) 10호, 8호

완성 치수

머리둘레 44.5cm, 길이 19cm

게이지

가로세로 각각 10cm 배색뜨기 18코×23단

뜨개질 포인트

- 손가락 걸기코로 80코를 만들고, 원통형으로 2코 고무뜨기를 10단 뜬다.
- 바늘을 바꾸어 배색뜨기를 한다. 16단째부터 메리야스 뜨기로 분산 코 줄임을 하면서 뜬다.
- 남은 10코에 1코씩 걸러서 실을 한 바퀴 통과시킨 다음, 두 바퀴째는 앞서 한 바퀴를 돌 때 꿰지 않았던 코에 실을 통과시켜 조인다.
- 방울은 도안을 참조하여 만들고, 본체 꼭대기에 꿰매어 단다.

남은 코에 실을 통과시켜 조인다.
(10코)
본체
(배색 메리야스 뜨기)
10호 대바늘
※분산 코 줄임
전체에서 (-70코)
도안 참조
(배색 뜨기)
10호 대바늘
44.5(80코)
(2코 고무뜨기) 8호 대바늘
옅은 베이지색
(80코) 만들기
8.5 (19단)
6.5 (15단)
4 (10단)

완성된 모습

※ 방울은 본체 꼭대기에 꿰매어 단다.

방울 만드는 법

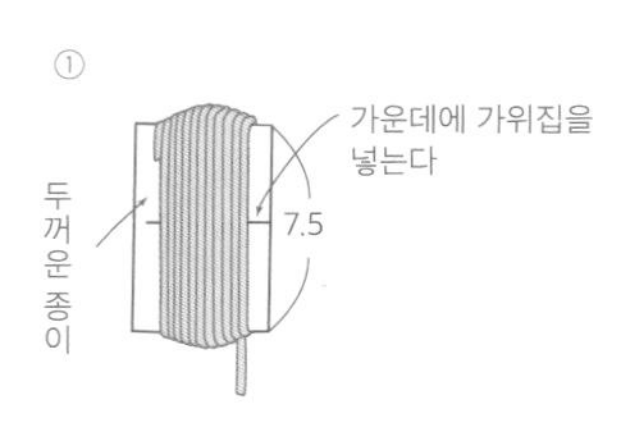

7.5cm 폭의 두꺼운 종이에 실을 100번 감는다(거의 옅은 베이지색 실로 감고, 군데군데 빨간색 실을 섞어 감는다).

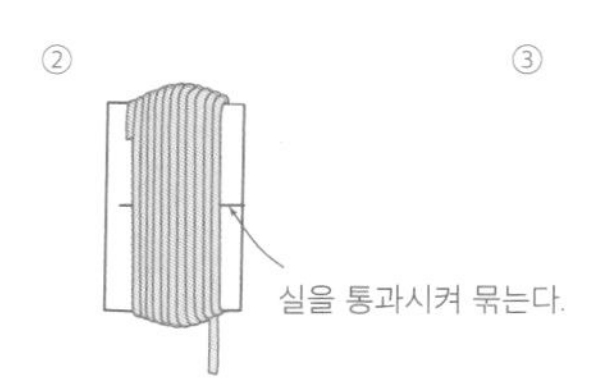

가위집에 실을 통과시켜 중앙을 묶는다.

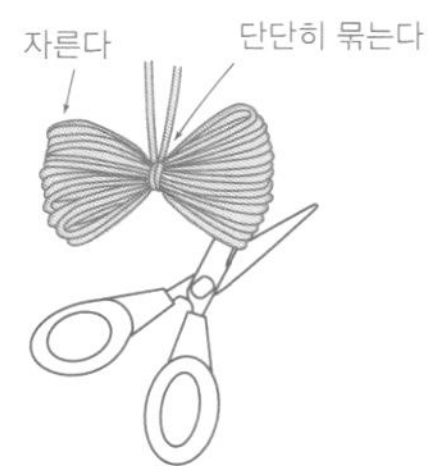

두꺼운 종이를 빼내고, 가운데를 단단히 묶어 양쪽에 달린 고리를 잘라낸다.

가위로 둥그스름한 모양이 되도록 잘라 다듬는다.

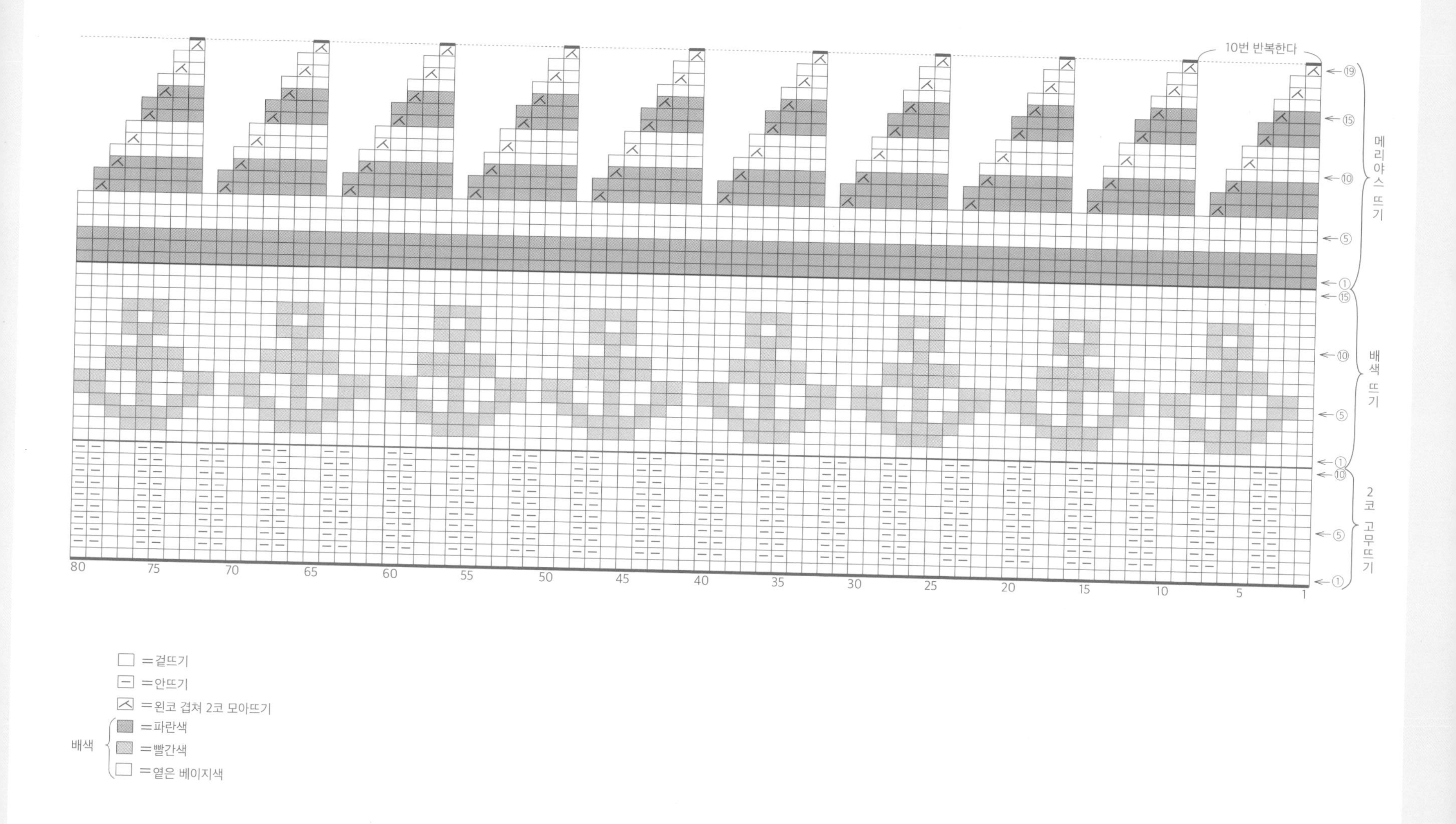
10번 반복한다
메리야스 뜨기
배색 뜨기
2코 고무뜨기
□ =겉뜨기
⊟ =안뜨기
=왼코 겹쳐 2코 모아뜨기
배색
=파란색
=빨간색
=옅은 베이지색

어린이용 벙어리장갑

PHOTO_**P.17**

준비물
하마나카 털실 오렌지색 20g, 흰색 15g, 파란색 5g
(추천 실 : 하마나카 개구쟁이 데니스)
대바늘(길이가 짧은 바늘 5개) 5호

완성 치수
손바닥 둘레 17cm, 길이 17.5cm

게이지
가로세로 각각 10cm 배색뜨기, 메리야스 뜨기 24코×28단

뜨개질 포인트
- 손가락 걸기코로 34코를 만들고, 원통형으로 1코 고무뜨기를 13단 뜬다.
- 이어서 1단째에서 6코 늘리기를 하고, 실을 가로로 걸치는 배색뜨기를 한다.
- 엄지손가락 위치에는 보조실을 떠 넣는데, 그 코를 다시 왼쪽 바늘로 옮기고 보조실 위를 이어지는 무늬로 뜬다(오른손과 왼손은 엄지손가락 위치를 바꾸어 뜬다).
- 본체 손가락 끝은 도안처럼 코 줄임을 하여 남은 8코에 실을 두 번 통과시켜 조인다.
- 엄지손가락은 위아래로 코를 나누어 2개의 바늘로 코를 줍고, 보조실을 뺀다. 실을 이어 양 끝에 걸쳐진 실에서도 한 코씩 주워 14코로 하고, 원통형으로 뜬다. 마지막 단에서 코를 줄여 남은 7코에 실을 두 번 통과시켜 조인다.

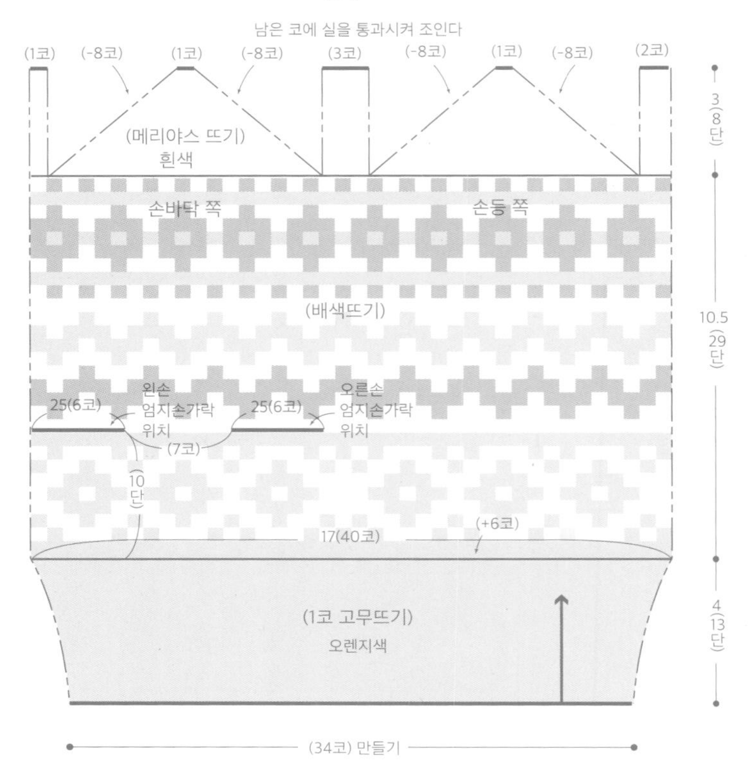

※모두 5호 대바늘로 뜬다.

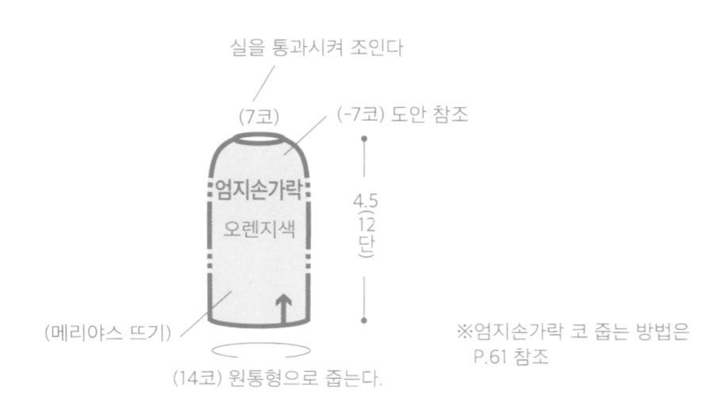

※엄지손가락 코 줍는 방법은 P.61 참조

엄지손가락 메리야스 뜨기

← ⑫
← ⑩
← ⑤
← ①

14 10 5 1

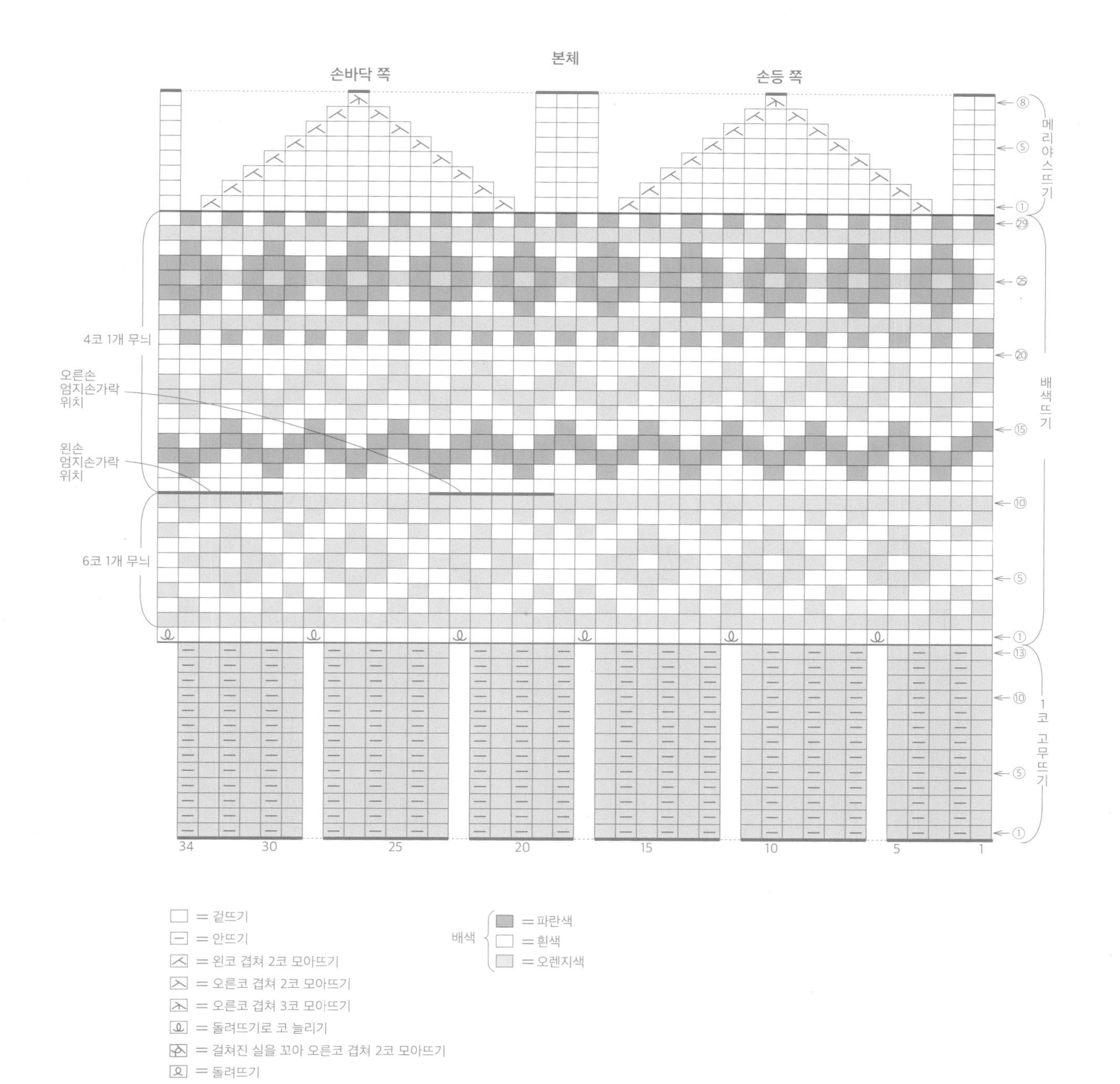

본체
손바닥 쪽
손등 쪽
메리야스뜨기
배색뜨기
1코 고무뜨기
4코 1개 무늬
오른손 엄지손가락 위치
왼손 엄지손가락 위치
6코 1개 무늬
34 30 25 20 15 10 5 1
= 겉뜨기
= 안뜨기
= 왼코 겹쳐 2코 모아뜨기
= 오른코 겹쳐 2코 모아뜨기
= 오른코 겹쳐 3코 모아뜨기
= 돌려뜨기로 코 늘리기
= 걸쳐진 실을 꼬아 오른코 겹쳐 2코 모아뜨기
= 돌려뜨기
배색
= 파란색
= 흰색
= 오렌지색

커스터마이즈 모자

PHOTO_P.18 POINT LESSON_P.54

준비물
베이지(P.18) … 하마나카 맨즈클럽 마스터 옅은 베이지색(27) 85g, 남색(23) 30g
A … 빨간색(42) 100g
B … 짙은 갈색(58) 130g
C … 회청색(66) 100g
D … 모스그린(65) 130g
B·D만 … 지름 22mm의 단추 각각 2개
공통 … 대바늘(4개) 9호, 8호

완성 치수
머리둘레 54cm, 길이 23.5cm(귀마개 제외)

게이지
가로세로 각각 10cm 배색뜨기 14코×28단

뜨개질 포인트
- 손가락 걸기코로 76코를 만들고, 원통형으로 2코 고무뜨기를 26단 뜬다.
- 바늘을 바꾸어 무늬뜨기로 45단, 분산 코 줄임을 하면서 5단을 뜬다. ※끌어올려 안뜨기(2단) 방법은 P.54 참조
- 남은 32코에 1코씩 걸러서 실을 한 바퀴 통과시킨 다음, 두 바퀴째는 앞서 한 바퀴를 돌 때 꿰지 않았던 코에 실을 통과시켜 조인다.
- 방울은 도안을 참조하여 만들고, 본체 꼭대기에 꿰매어 단다.
- 귀마개는 손가락 걸기코로 16코를 만들고, 2코 고무뜨기로 22단, 코 줄임으로 하면서 6코를 뜬다. 남은 6코는 3코씩 맞대어서 메리야스 잇기를 한다.
- 본체의 2코 고무뜨기 부분 안쪽에 귀마개를 꿰매어 붙여서 단추를 단다.

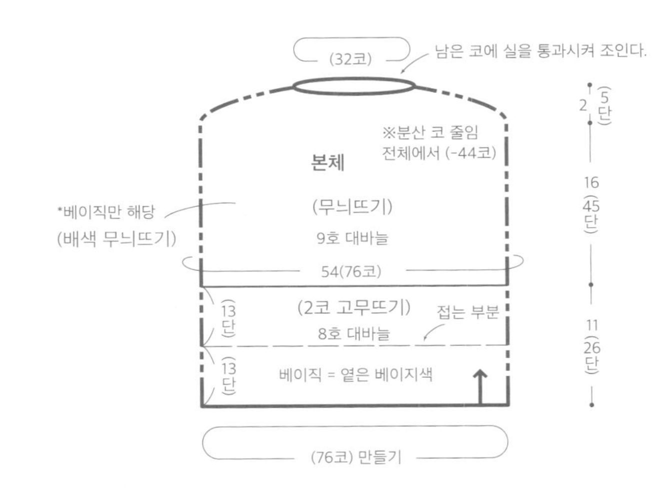

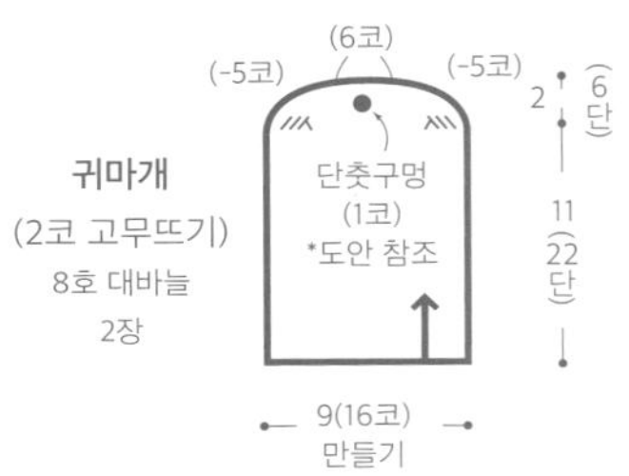

- = 겉뜨기
- = 오른코 겹쳐 2코 모아뜨기
- = 왼코 겹쳐 2코 모아뜨기
- = 왼코 겹쳐 2코 모아 안뜨기
- = 걸기코

귀마개

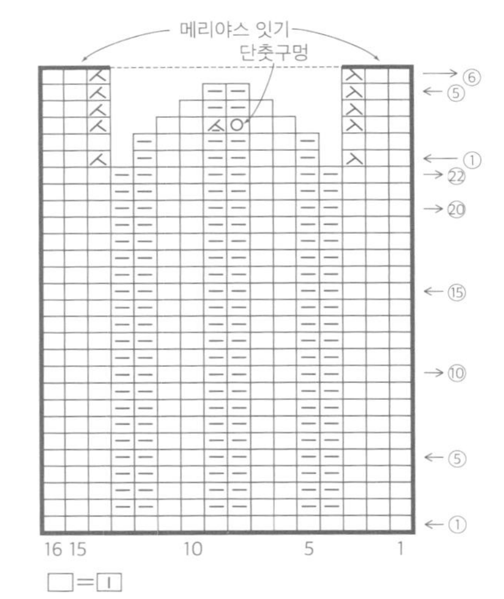

□=Ⅰ

귀마개 꿰매어 다는 법

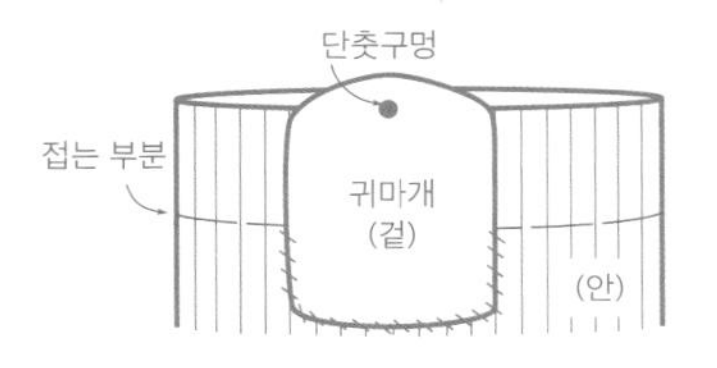

귀마개는 본체 안쪽에 다는데, 접는 부분까지 겉에 표시가 나지 않도록 꿰매어 붙인다.

방울

방울 만드는 법

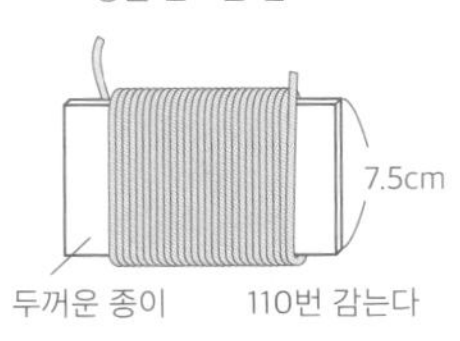

가운데를 묶어
양쪽을 잘라
형태를 다듬는다.

완성된 모습

베이직

A·C 타입

B·D 타입

본체

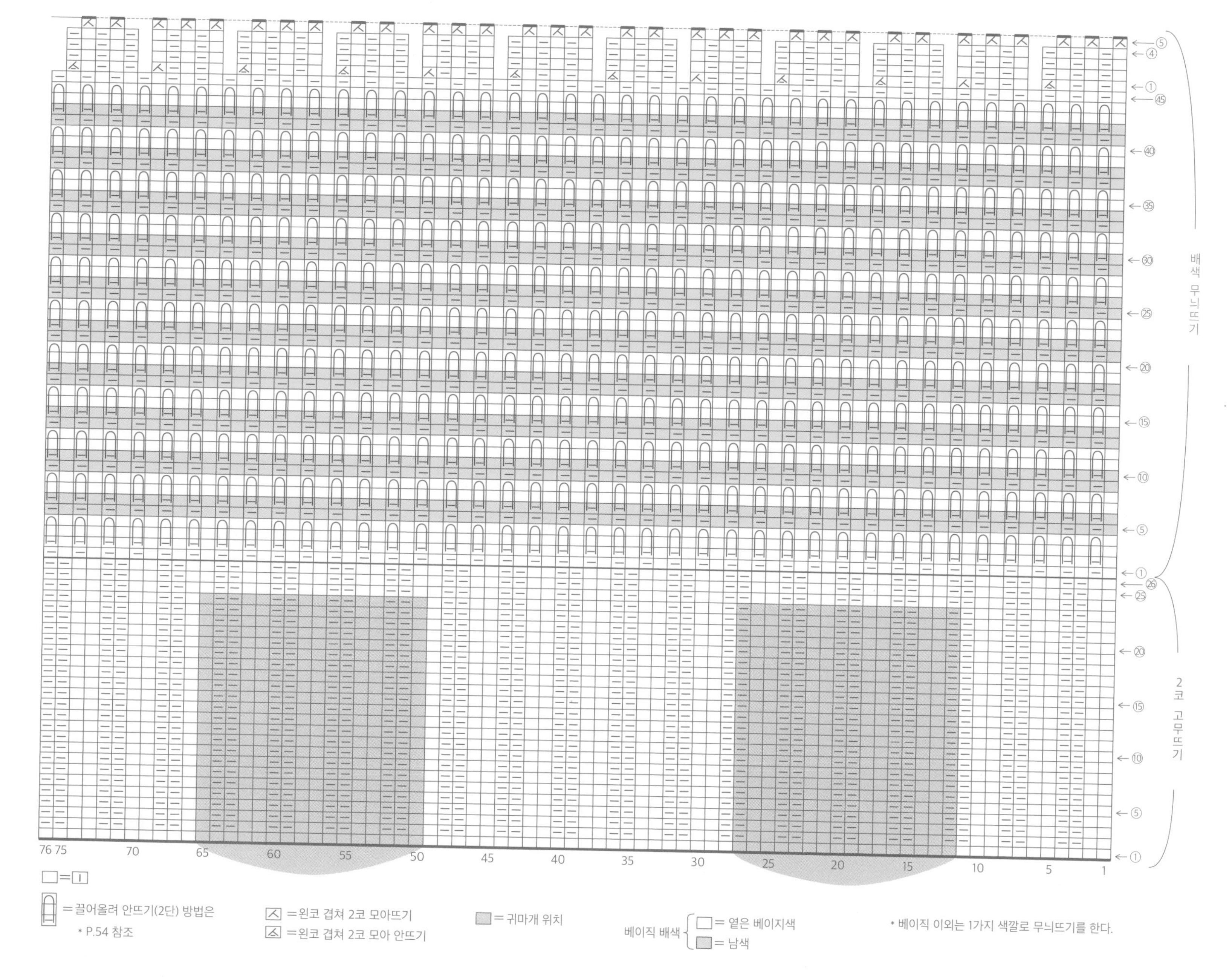

배색 무늬뜨기
2코 고무뜨기
76 75
70
65
60
55
50
45
40
35
30
25
20
15
10
5
1
□=Ⅰ
=끌어올려 안뜨기(2단) 방법은
* P.54 참조
=왼코 겹쳐 2코 모아뜨기
=왼코 겹쳐 2코 모아 안뜨기
=귀마개 위치
베이직 배색
□= 옅은 베이지색
= 남색
* 베이직 이외는 1가지 색깔로 무늬뜨기를 한다.

다이아몬드 무늬 흰 양말

PHOTO_P.21

준비물

하마나카 소노모노 트위드 오프화이트(71) 90g
대바늘(길이가 짧은 바늘 5개) 4호

완성 치수

발바닥 길이 23cm, 발등 둘레 21cm, 발목 길이 27.5cm

게이지

가로세로 각각 10cm 무늬뜨기 26코×36단
배색뜨기 26코×30단

뜨개질 포인트

- 손가락 걸기코로 52코를 만들고, 원통형으로 2코 고무뜨기를 해서 56단 뜬다.
- 무늬뜨기 1단째에서 2코 늘리기를 하여 뜬다. 뒤꿈치 위치에 보조실을 떠 넣는데, 그 코를 다시 왼쪽 바늘로 옮기고 보조실 위를 이어지는 무늬로 뜬다.
- 발끝은 같은 색의 실을 가지고 배색뜨기 요령으로 번갈아 뜬다. 남은 8코에 실을 두 번 통과시켜 조인다.
- 발뒤꿈치는 위아래로 코를 나누어 2개의 바늘로 코를 줍고, 보조실을 뺀다. 실을 이어 양 끝에 걸쳐진 실에서도 한 코씩 주워 54코로 하고, 원통형으로 뜬다. 마지막 단에서 코를 줄여 남은 6코에 실을 두 번 통과시켜 조인다.
- 같은 것을 2장 뜬다.

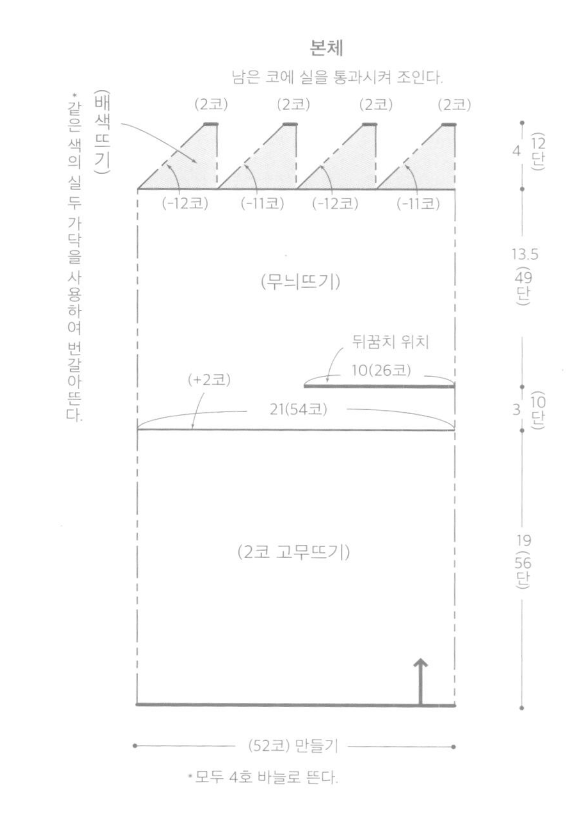

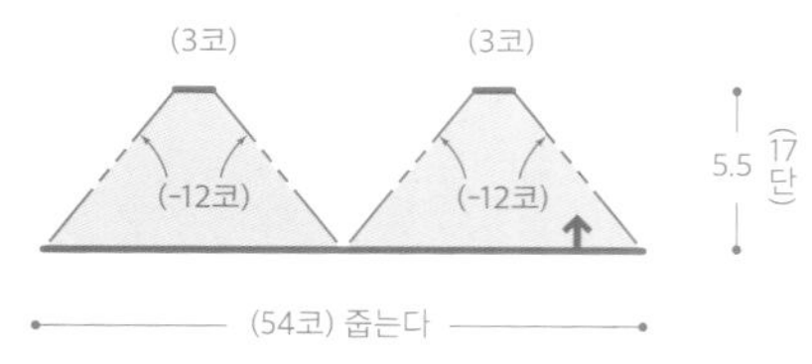

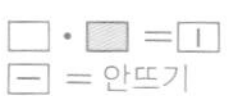

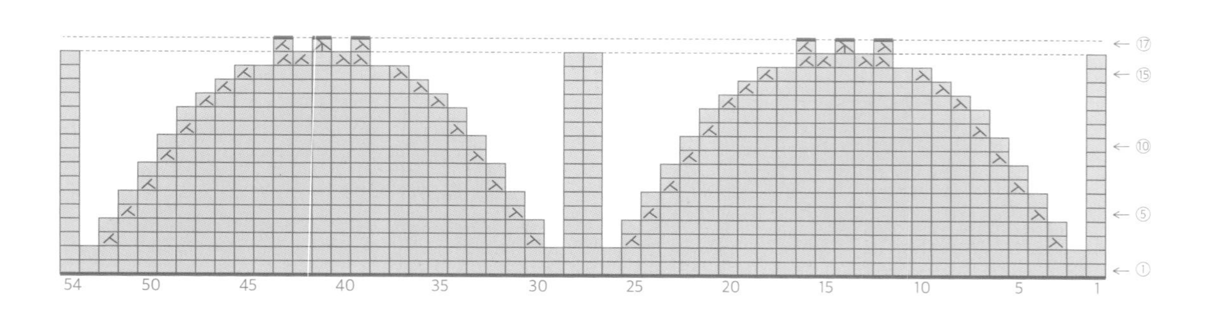

본체

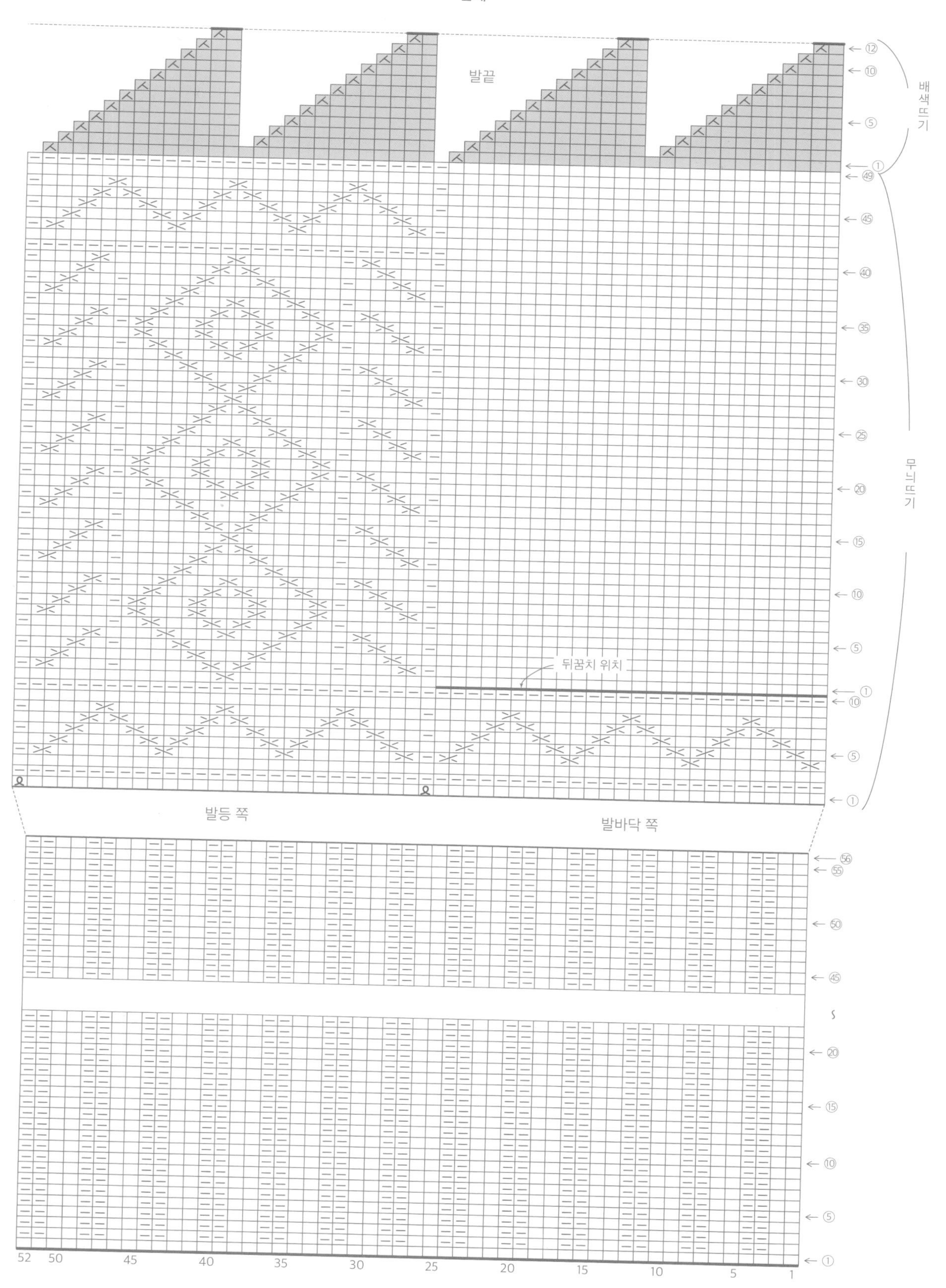

라트비아풍 벙어리장갑

PHOTO_P.22

준비물

하마나카 순모 중세사 오프화이트(2) 30g, 검은색(30) 20g
대바늘(길이가 짧은 바늘 5개) 3호, 2호

완성 치수

손바닥 둘레 19.5cm, 길이 25cm

게이지

가로세로 각각 10cm 배색뜨기 33코×34단

뜨개질 포인트

- 손가락 걸기코로 60코를 만들고, 원통형으로 1코 고무뜨기를 24단 뜬다.
- 바늘을 바꾸어 1단째에서 4코 늘리기를 하고, 실을 가로로 걸치는 배색뜨기를 한다.
- 엄지손가락 위치에는 보조실을 떠 넣는데, 그 코를 다시 왼쪽 바늘로 옮기고 보조실 위를 이어지는 무늬로 뜬다(오른손과 왼손은 엄지손가락 위치를 바꾸어 뜬다).
- 본체 손가락 끝은 도안처럼 코 줄임을 하여 남은 4코에 실을 두 번 통과시켜 조인다.
- 엄지손가락은 위아래로 코를 나누어 2개의 바늘로 코를 줍고, 보조실을 뺀다. 실을 이어 양 끝에 걸쳐진 실에서도 한 코씩 주워 22코로 하고, 오프화이트 실로 원통형으로 메리야스 뜨기를 한다. 손가락 끝은 도안처럼 코 줄임을 하여, 남은 6코에 실을 두 번 통과시켜 조인다.

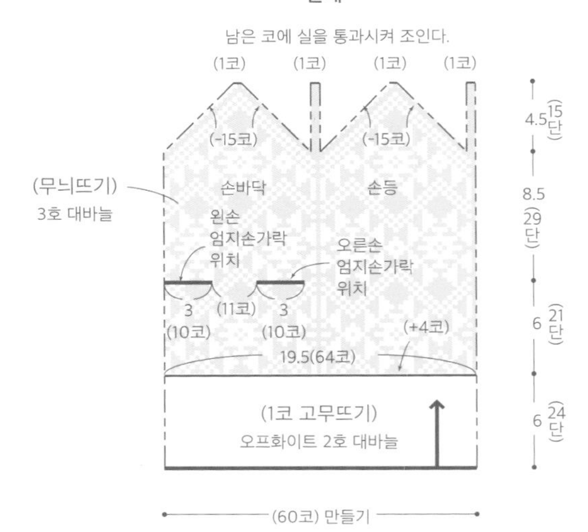

엄지손가락

(메리야스 뜨기)
오프화이트 3호 대바늘
실을 통과시켜 조인다
(6코)
(-16코)
7.5 25단
(22코) 줍는다

※엄지손가락 코 줍는 방법은 P.61 참조

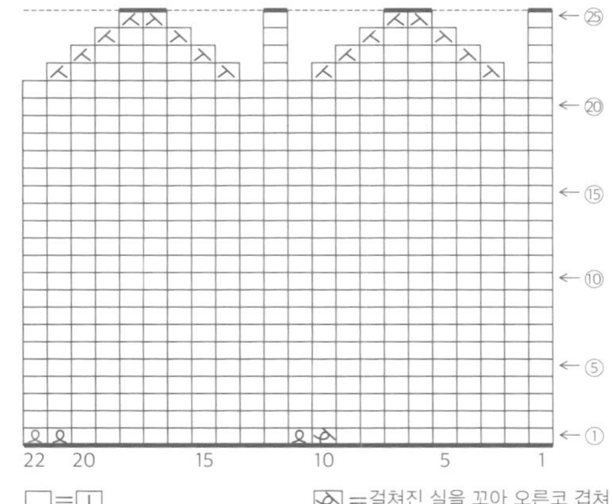

□ = Ⅰ
⋌ = 왼코 겹쳐 2코 모아뜨기
⋋ = 오른코 겹쳐 2코 모아뜨기
= 걸쳐진 실을 꼬아 오른코 겹쳐 2코 모아뜨기
= 돌려뜨기
= 돌려뜨기로 코 늘리기

본체

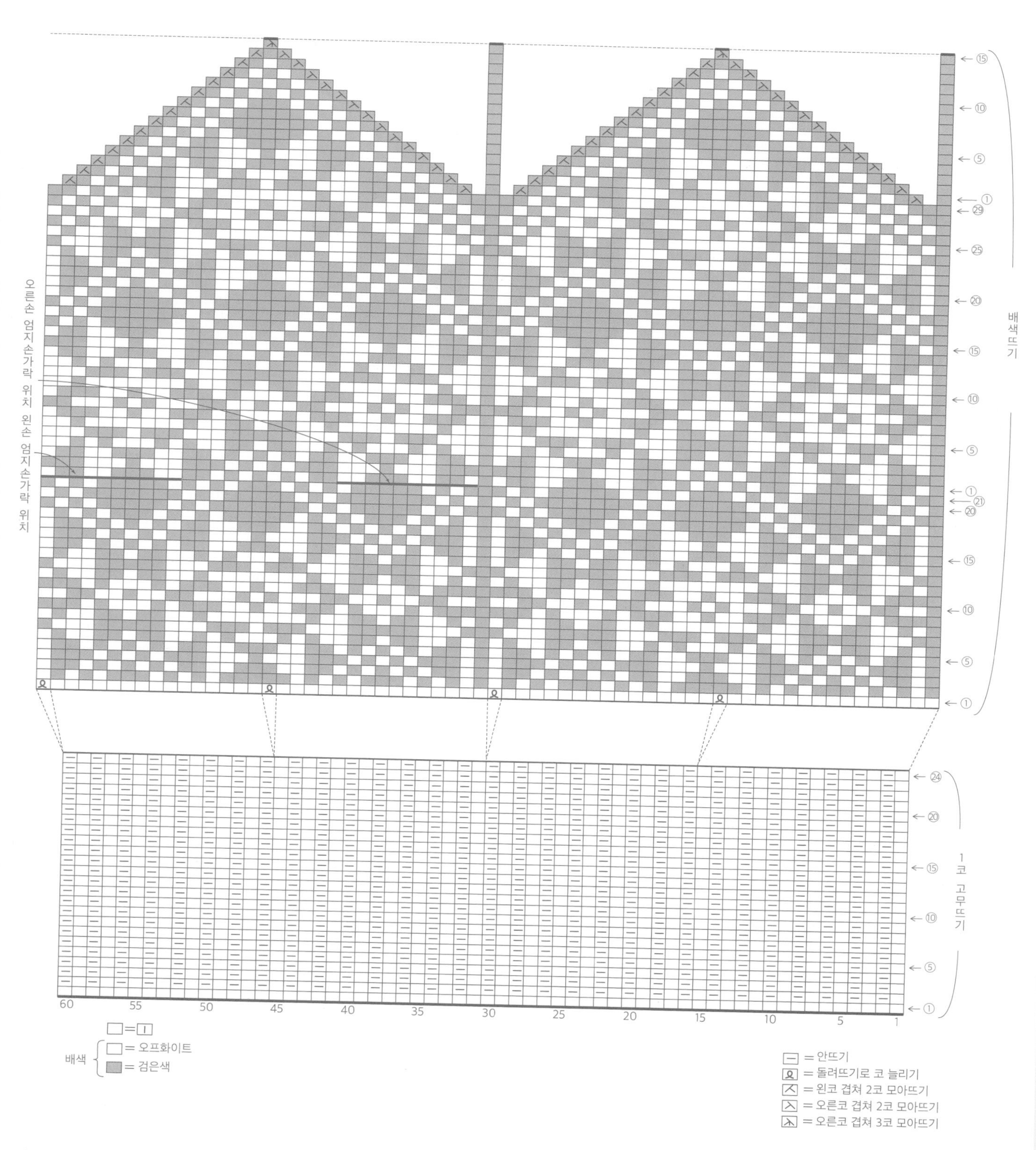

오른손 엄지손가락 위치
왼손 엄지손가락 위치
배색뜨기
1코 고무뜨기
60
55
50
45
40
35
30
25
20
15
10
5
1
□=⊡
배색 { □= 오프화이트
■= 검은색
⊟ = 안뜨기
Ջ = 돌려뜨기로 코 늘리기
⋌ = 왼코 겹쳐 2코 모아뜨기
⋋ = 오른코 겹쳐 2코 모아뜨기
⋏ = 오른코 겹쳐 3코 모아뜨기

잎사귀 무늬 2중 벙어리장갑

PHOTO_P.23

준비물

하마나카 소노모노 트위드《합태》오프화이트(1) 115g
대바늘(길이가 짧은 바늘 5개) 4호, 3호

완성 치수

손바닥 둘레 21cm, 길이 27.5cm

게이지

가로세로 각각 10cm 무늬뜨기 B 24코×34단

뜨개질 포인트

- 손가락 걸기코로 48코를 만들고, 원통형으로 안쪽 장갑의 손목 부분의 2코 고무뜨기부터 뜨기 시작한다.
- 이어서 안 메리야스 뜨기 2단(접는 부분)과 본체의 손목 부분의 무늬뜨기 A를 28단 뜬다.
- 바늘을 바꾸어 1단째에서 2코 늘리기를 하고, 무늬뜨기 B로 뜬다. 엄지손가락 위치에는 보조실을 떠 넣는데, 그 코를 다시 왼쪽 바늘로 옮기고 보조실 위를 이어지는 무늬로 뜬다(오른손과 왼손은 엄지손가락 위치를 바꾸어 뜬다).
- 본체 손가락 끝은 도안처럼 코 줄임을 하여 남은 10코에 실을 두 번 통과시켜 조인다.
- 엄지손가락은 위아래로 코를 나누어 2개의 바늘로 코를 줍고, 보조실을 뺀다. 실을 이어 양 끝에 걸쳐진 실에서도 한 코씩 주워 20코로 하고, 원통형으로 메리야스 뜨기를 한다. 손가락 끝은 도안처럼 코를 줄여 남은 4코에 실을 두 번 통과시켜 조인다.
- 나뭇잎은 손가락 걸기코로 3코를 만들어, 도안처럼 짜서 남은 3코에 실을 통과시켜 조인다. 본체의 나뭇잎 다는 위치에 나뭇잎의 아래 절반 부분 정도만 꿰매어 붙인다.
- 안쪽 장갑은 손가락 걸기코로 48코를 만들고, 원통형으로 모두 메리야스 뜨기로 본체와 동일하게 뜬다. 엄지손가락도 마찬가지로 코를 주워 뜬다.
- 본체와 안쪽 장갑을 안끼리 맞대고, 감아 잇기로 잇는다. 안 메리야스 2단을 접는 부분으로 하여, 안쪽 장갑을 본체 안에 넣어 사용한다.

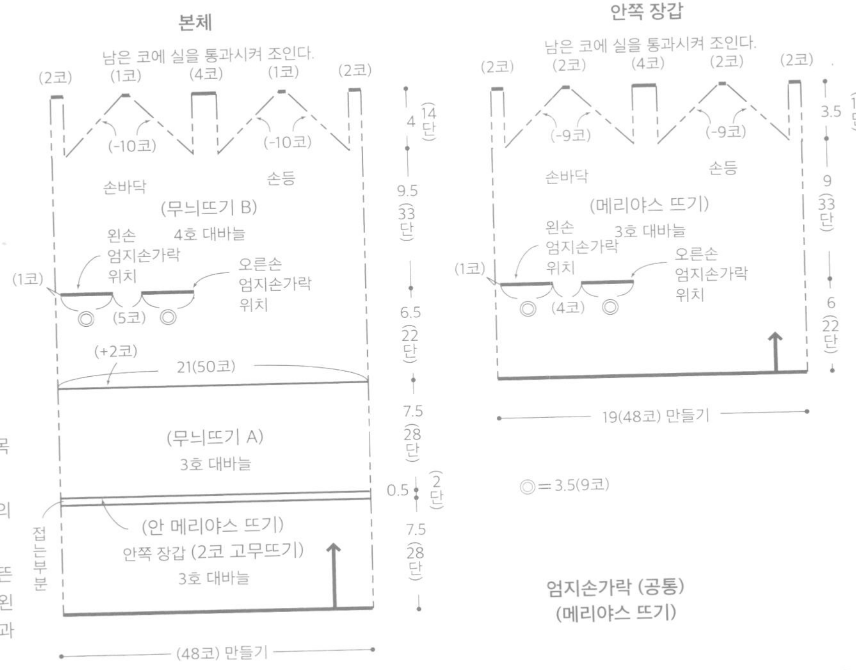

엄지손가락
(메리야스 뜨기)

본체·안쪽 장갑 모두 4호 대바늘

•안쪽 장갑은 살짝 세게 뜬다.

(4코) 실을 통과시켜 조인다

(-16코)

7 (24단)

(20코) 줍는다

※엄지손가락 코 줍는 방법은 P.61 참조

엄지손가락 (공통)
(메리야스 뜨기)

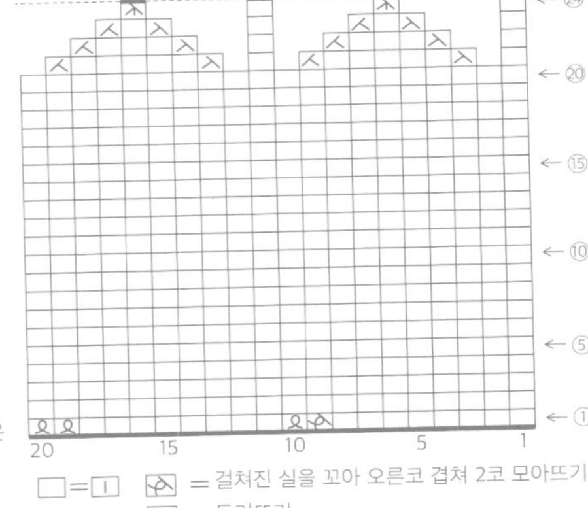

안쪽 장갑

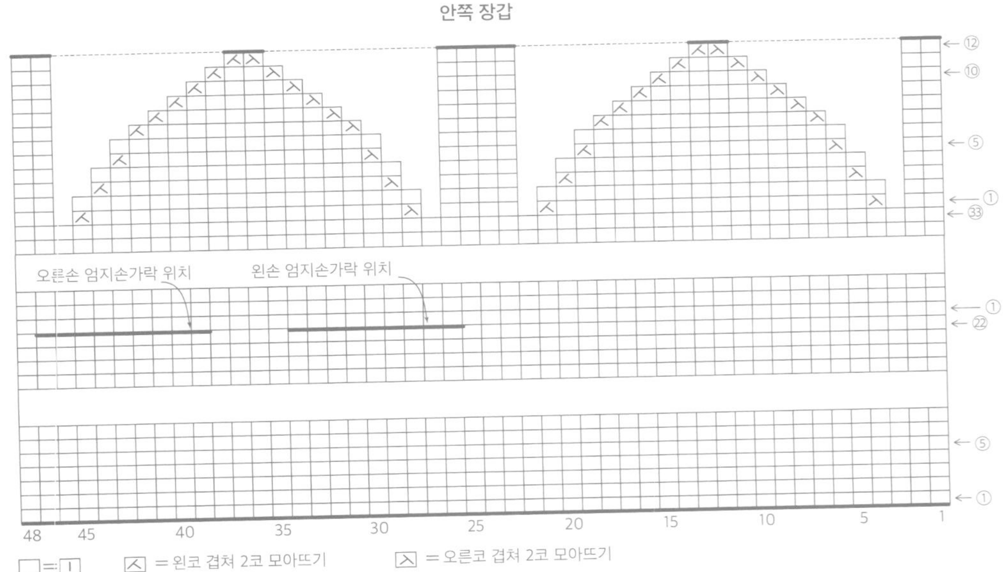

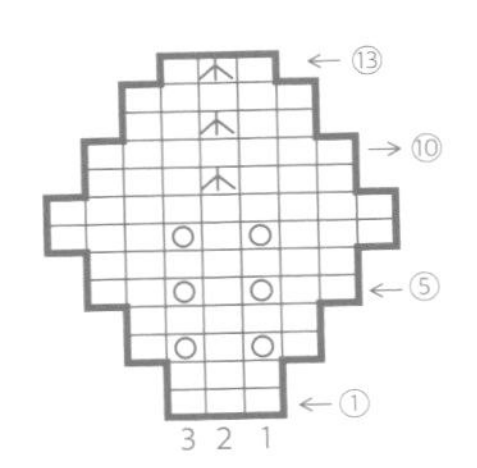

○ = 걸기코
= 중심 3코 모아뜨기

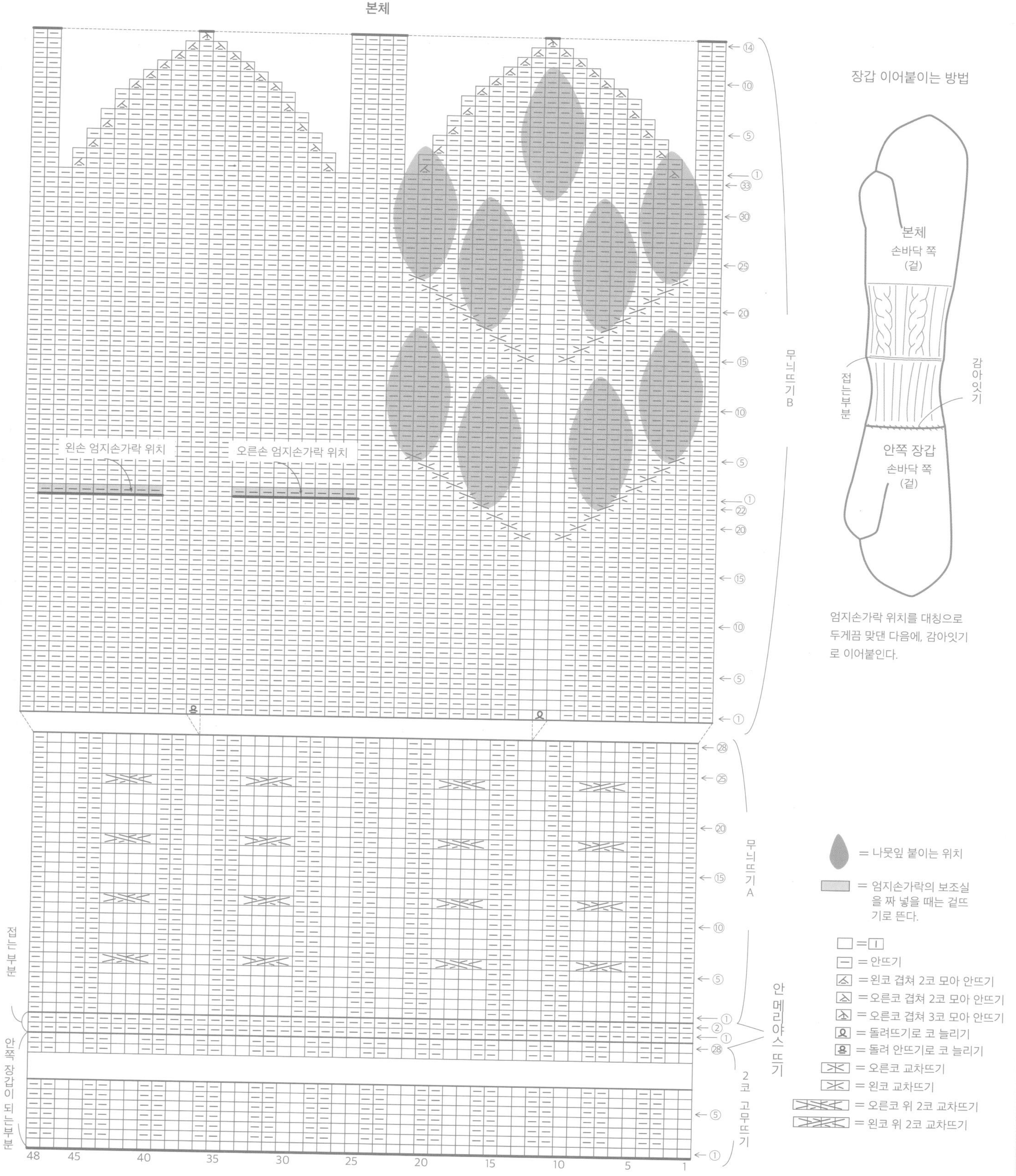
본체
왼손 엄지손가락 위치
오른손 엄지손가락 위치
무늬뜨기 B
무늬뜨기 A
접는부분
안쪽 장갑이 되는부분
안메리야스뜨기
2코 고무뜨기
장갑 이어붙이는 방법
본체
손바닥 쪽
(겉)
접는부분
감아잇기
안쪽 장갑
손바닥 쪽
(겉)
엄지손가락 위치를 대칭으로
두게끔 맞댄 다음에, 감아잇기
로 이어붙인다.
= 나뭇잎 붙이는 위치
= 엄지손가락의 보조실
을 짜 넣을 때는 겉뜨
기로 뜬다.
= 안뜨기
= 왼코 겹쳐 2코 모아 안뜨기
= 오른코 겹쳐 2코 모아 안뜨기
= 오른코 겹쳐 3코 모아 안뜨기
= 돌려뜨기로 코 늘리기
= 돌려 안뜨기로 코 늘리기
= 오른코 교차뜨기
= 왼코 교차뜨기
= 오른코 위 2코 교차뜨기
= 왼코 위 2코 교차뜨기

무늬가 들어간 뜨개 모자

PHOTO_P.24　POINT LESSON_P.54

준비물
하마나카 소노모노 알파카 울《합태》회색(65) 68g
대바늘(4개) 6호, 4호

완성 치수
머리둘레 62.5cm, 길이 20cm

게이지
가로세로 각각 10cm 무늬뜨기 26.5코×31단

뜨개질 포인트
- 손가락 걸기코로 120코를 만들고, 원통형으로 2코 고무뜨기를 10단 뜬다.
- 바늘을 바꾸어 1단째에서 코 늘리기를 하며 무늬뜨기로 28단, 분산 코 줄임을 하면서 27단 뜬다.
- 남은 5코를 메리야스 뜨기를 해서 코드 형태로 4단 뜨기(뜨는 방법은 P.54 참조)를 하고, 코에 실을 통과시켜 조인다.

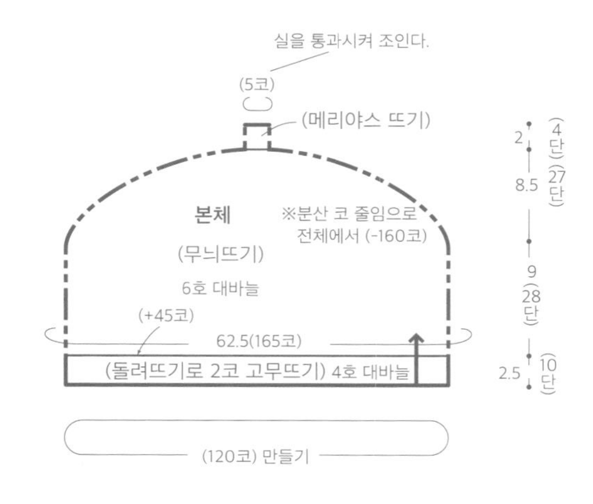

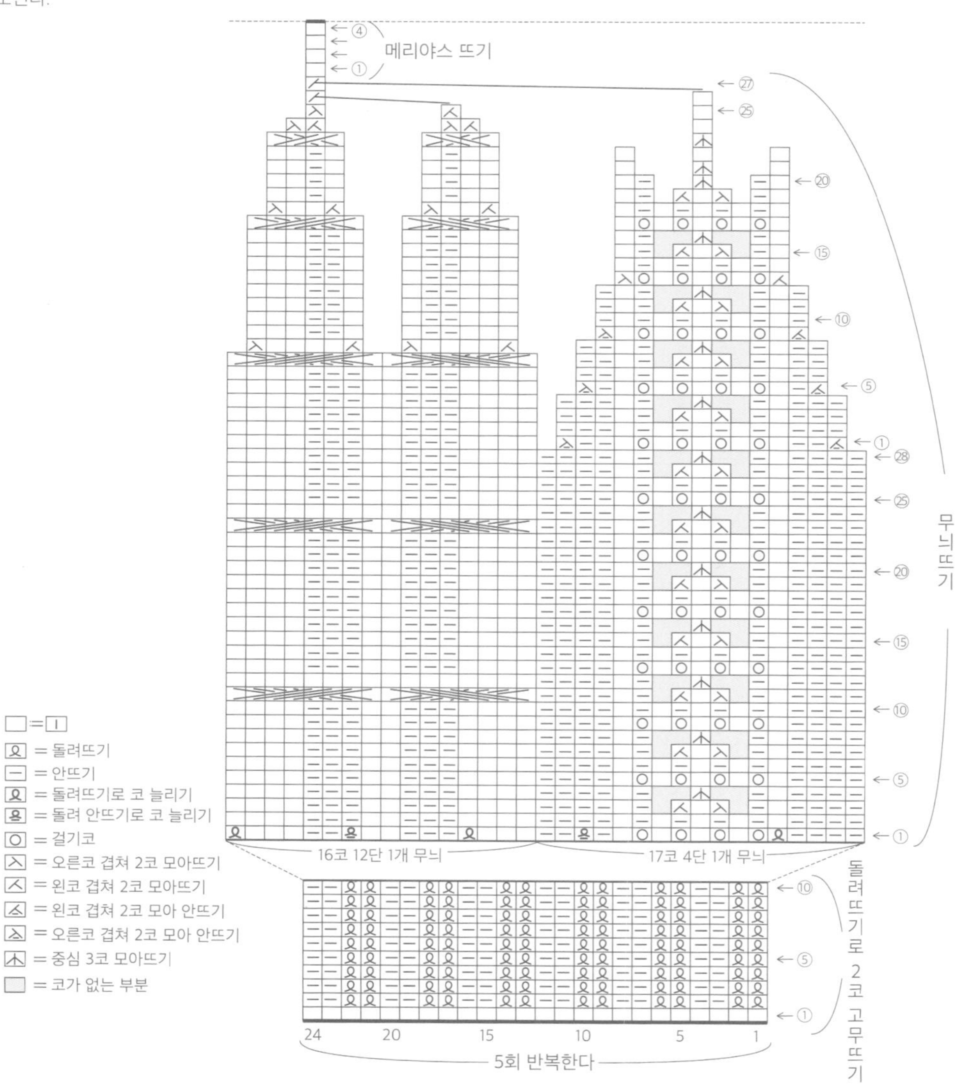

= 오른코 위 2코 교차뜨기
= 왼코 위 2코 교차뜨기
= 오른코 위 3코 교차뜨기
= 왼코 위 3코 교차뜨기
= 오른코 위 4코 교차뜨기
= 왼코 위 4코 교차뜨기

노란색 스누드

PHOTO_P.25

준비물

병태사 털실 겨자색 250g
(추천 실 : 하마나카 아메리)
대바늘(2개) 7호

완성 치수

폭 23cm, 길이(원주) 130cm

게이지

가로세로 각각 10cm 무늬뜨기 35코×27단

뜨개질 포인트

- 별도 사슬 시작코를 80코 만들어, 무늬뜨기를 352단 뜬다. 뜨개질이 끝났을 때의 코는 잠시 쉬게 둔다.
- 뜨개질을 시작했을 때의 코와 끝났을 때의 코를 메리야스 잇기로 맞대어 원으로 만든다.

무늬뜨기

1
5
10
15
20
25
30
32

16 15 10 5 1

□ = |

⊟ = 안뜨기

= 오른코 위 4코 교차뜨기

= 왼코 위 4코 교차뜨기

※P.25의 사진은 이 기호 도안의 안쪽을 겉면으로 사용하고 있습니다.

비니 모자

PHOTO_P.26

준비물

줄무늬 … 하마나카 엑시드 울 L《병태》회색(328) 70g, 파란색(324) 45g

옅은 베이지색 … 하마나카 엑시드울 L《병태》옅은 베이지색(302) 115g

보라색 … 하마나카 엑시드울 L《병태》보라색(314) 115g

공통 … 대바늘(4개) 5호, 4호

완성 치수

머리둘레 52.5cm, 길이 23cm

게이지

가로세로 각각 10cm 무늬뜨기 25.5코×29단

뜨개질 포인트

- 손가락 걸기코로 132코를 만들고, 원통형으로 2코 고무뜨기를 36단 뜬다.
- 바늘을 바꾸어 1단째 마지막에서 1코 늘리기(돌려 안뜨기로 코 늘리기)를 하고, 무늬뜨기로 36단, 분산 코 줄임을 하면서 16단 뜬다.
- 남은 28코에 1코씩 걸러서 실을 한 바퀴 통과시킨 다음, 두 바퀴째는 앞서 한 바퀴를 돌 때 꿰지 않았던 코에 실을 통과시켜 조인다.

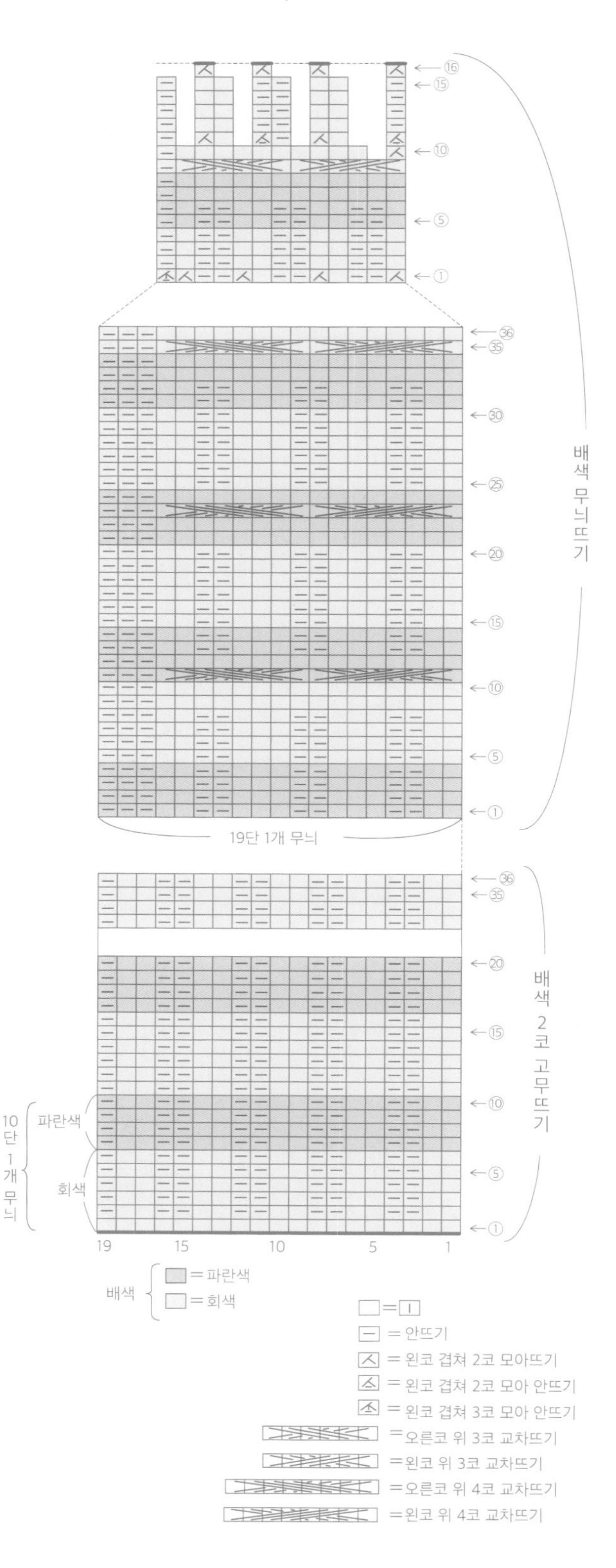

어린이용 물방울무늬 모자

PHOTO_P.29 POINT LESSON_P.54

준비물

하마나카 소노모노 알파카 울 오프화이트(41) 40g
소노모노 루프 그레이 베이지(52) 22g
대바늘(4개) 10호, 8호

완성 치수

머리둘레 48cm, 길이 20.5cm

게이지

가로세로 각각 10cm 무늬뜨기 15코×29.5단

뜨개질 포인트

- 손가락 걸기코로 72코를 만들고, 원통형으로 돌려뜨기로 2코 고무뜨기를 8단 뜬다.
- 바늘을 바꾸어 배색 무늬뜨기로 40단, 분산 코 줄임을 하면서 11단 뜬다.
- 남은 3코를 메리야스 뜨기를 해서 코드 형태로 2단 뜨기(뜨는 방법은 P.54 참조)를 하고, 코에 실을 통과시켜 조인다.

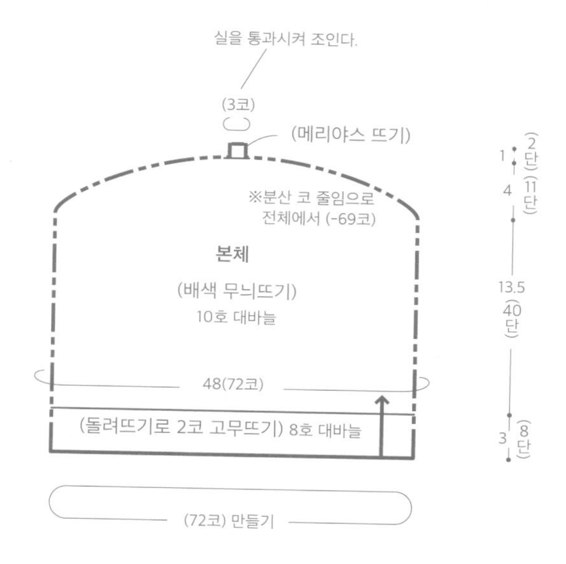

본체

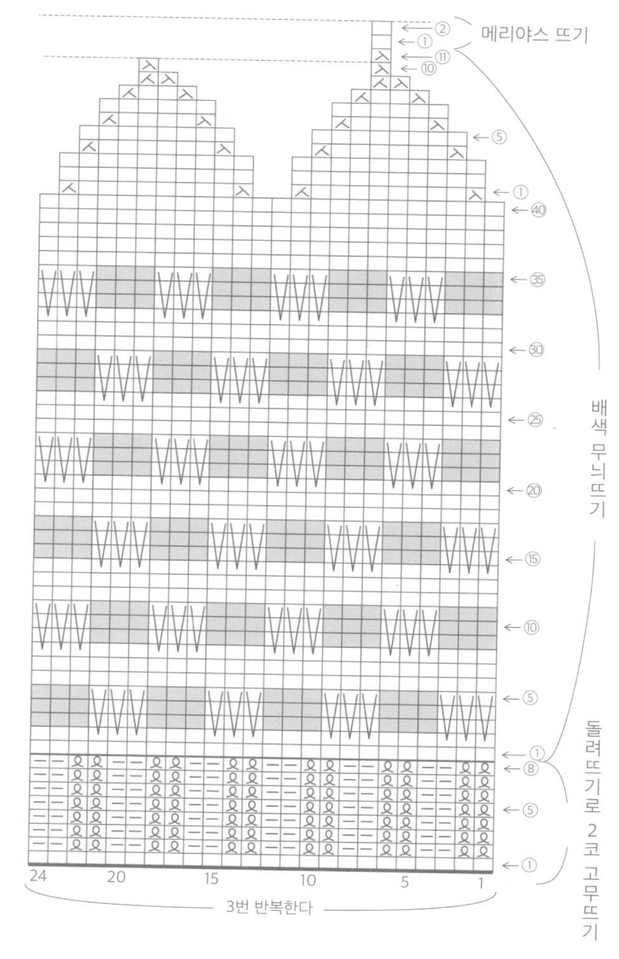

어린이용 쥐돌이 벙어리장갑

PHOTO_P.28 POINT LESSON_P.55

준비물

쥐 … 하마나카 소노모노 알파카 울《병태》라이트 그레이(64) 38g
고슴도치 … 하마나카 소노모노 알파카 울《병태》회색(65) 60g, 퍼 테이프용 별도 실·보조실(회색) 소량, 두꺼운 종이
공통 … 얼굴 자수용 병태사 털실(진한 갈색) 소량, 대바늘(길이가 짧은 바늘 5개) 5호, 4호, 코바늘 5/0호

완성 치수

손바닥 둘레 15cm, 길이 18.5cm

게이지

가로세로 각각 10cm 무늬뜨기 24코×34단
메리야스 뜨기 24코×31단

뜨개질 포인트

- 손가락 걸기코로 32코를 만들고, 원통형으로 2코 고무뜨기를 24단 뜬다.
- 바늘을 바꾸어 1단째에서 4코 늘리기를 하면서 무늬뜨기를 한다. 엄지손가락 위치에는 보조실을 떠 넣는데, 그 코를 다시 왼쪽 바늘로 옮기고 보조실 위를 이어지는 무늬로 뜬다(오른손과 왼손은 엄지손가락 위치를 바꾸어 뜬다).
- 본체 손가락 끝은 도안처럼 코 줄임을 하여 남은 8코에 실을 두 번 통과시켜 조인다.
- 엄지손가락은 위아래로 코를 나누어 2개의 바늘로 코를 줍고, 보조실을 뺀다. 실을 이어 양 끝에 걸쳐진 실에서도 한 코씩 주워 14코로 하고, 원통형으로 메리야스 뜨기를 한다. 손가락 끝은 도안처럼 코를 줄여 남은 7코에 실을 두 번 통과시켜 조인다.
- 고슴도치를 만들 때는 P.55를 참조해서 퍼 테이프를 만들어 붙인다.

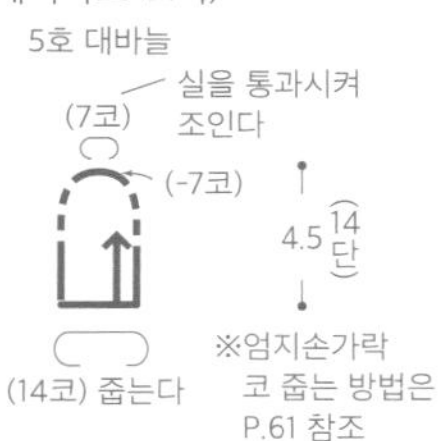

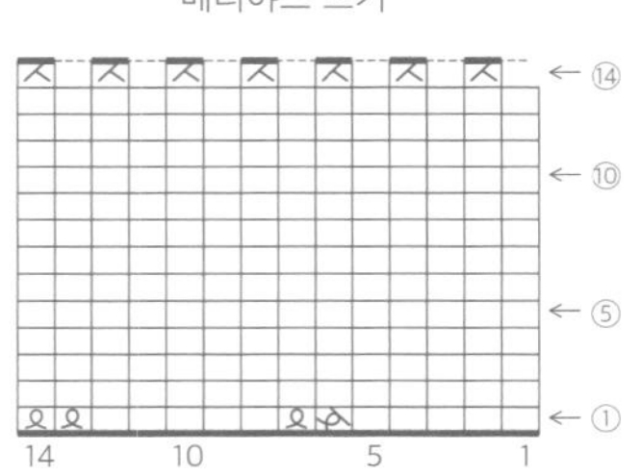

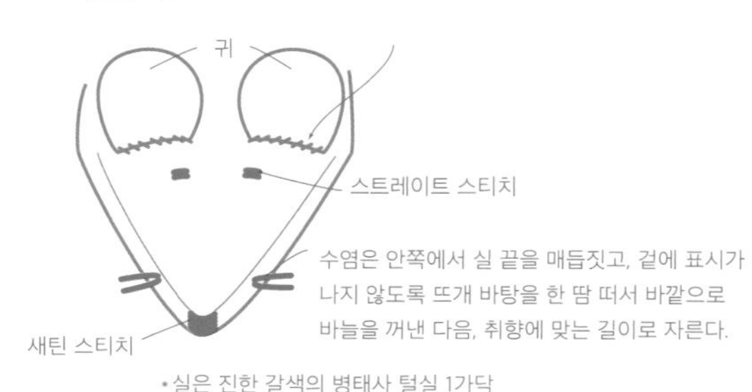

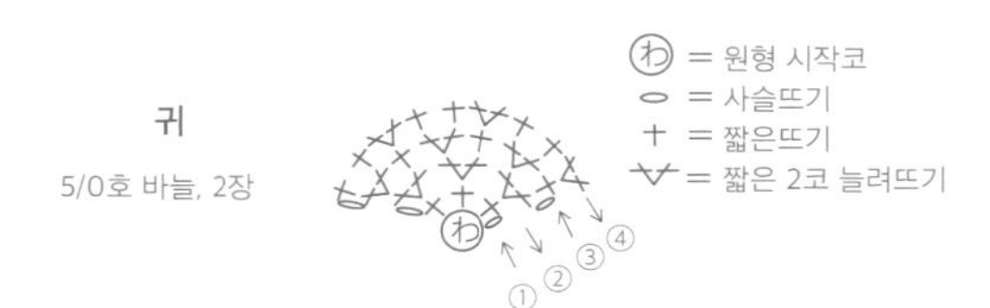

 원형 시작코 만들기

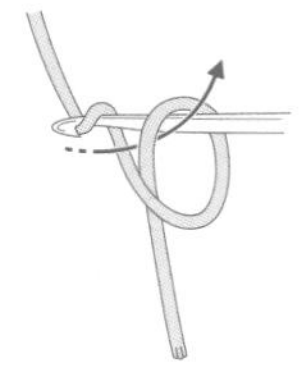

❶ 사슬 끝의 코를 만드는 요령(아래 참조)으로, 실로 고리를 만들어 바늘에 실을 걸어 잡아뺍니다.

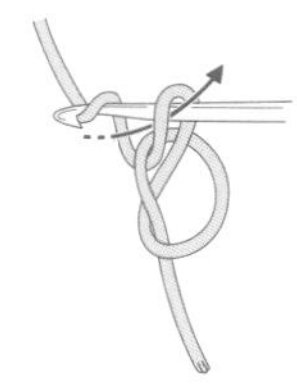

❷ 고리를 조이지 않고 느슨하게 놔둔 채로, 솟아오른 사슬 1코를 뜹니다.

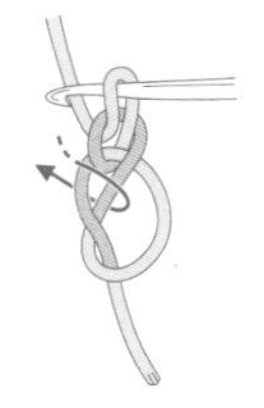

❸ 이어서 고리 안에 바늘을 넣고, 2가닥을 떠올려 최초의 코(여기서는 짧은뜨기)를 뜹니다.

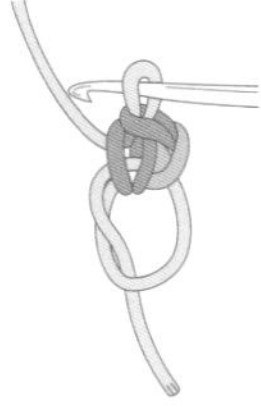

❹ 1코를 뜬 상태. 계속해서 같은 방식으로 고리 안으로 1단째를 뜨고, 실 끝을 잡아당겨 고리를 조입니다.

사슬뜨기

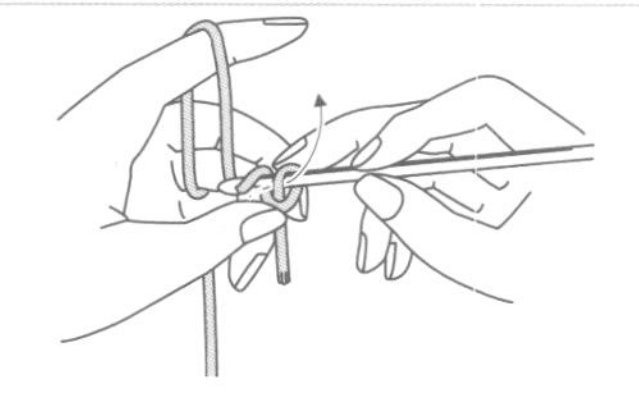

❶ 실 끝으로 고리를 만들고, 교차점을 누르면서 바늘을 화살표 방향으로 움직여 실을 걸어 잡아 뺍니다(이 코는 1코로 세지 않습니다).

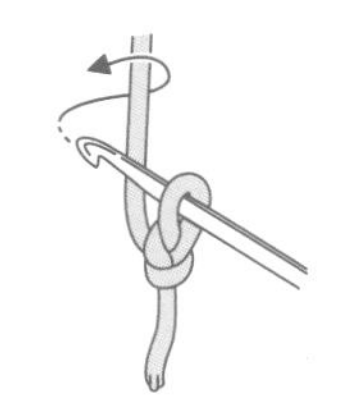

❷ 다음에 바늘을 화살표처럼 움직여 실을 겁니다.

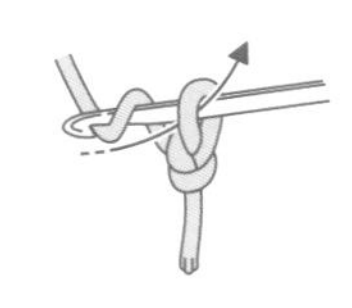

❸ 실을 고리에서 빼냅니다.

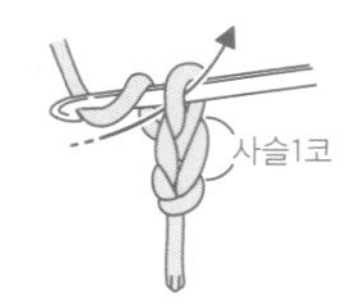

❹ 사슬 1코가 완성되었습니다. ❷, ❸을 반복해서 코를 늘려갑니다.

본체

남은 코에 실을 통과시켜 조인다.

(메리야스 뜨기)
5호 대바늘

(2코) (2코) (2코) (2코)

(-7코) (-7코)

손바닥 손등

(무늬뜨기)
5호 대바늘

엄지손가락 위치

(4코)

(+4코)

15(36코)

(2코 고무뜨기)
4호 대바늘

(32코) 만들기

◎= 2.5 (6코)

3.5 (11단)
4.5 (15단)
4 (14단)
6.5 (24단)

□=Ⅰ
⊟ = 안뜨기
Ⓠ = 돌려뜨기로 코 늘리기
Ⓠ = 돌려 안뜨기로 코 늘리기
⋏ = 오른코 겹쳐 2코 모아뜨기
⋏ = 왼코 겹쳐 2코 모아뜨기
▒ = 엄지손가락의 보조실을 짜 넣을 때는 겉뜨기로 뜬다
▭ = 퍼 테이프 붙이는 위치(좌우 모두 손등 부분에만 붙인다)
*퍼 테이프 만드는 법은 P.55 참조

본체

오른손 엄지손가락 위치
왼손 엄지손가락 위치

메리야스 뜨기 ⑪ ⑩ ⑤ ①
무늬뜨기 ⑮ ⑩ ⑤ ① ⑭ ⑩ ⑤ ①

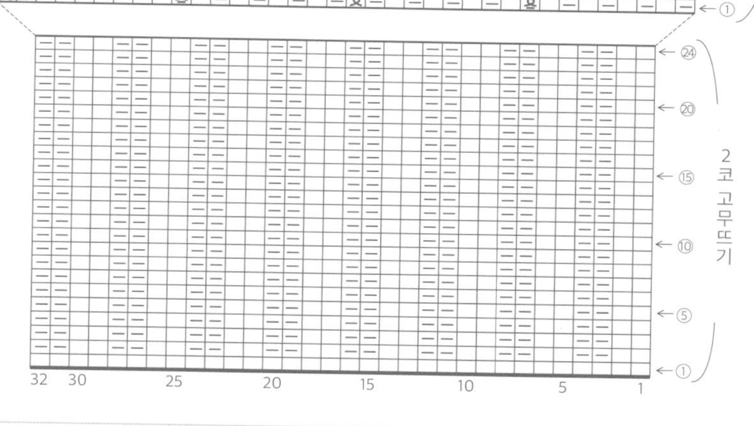

┼ 짧은뜨기

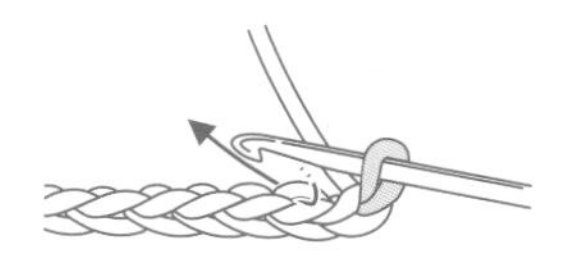

❶ 화살표처럼 바늘을 넣습니다.

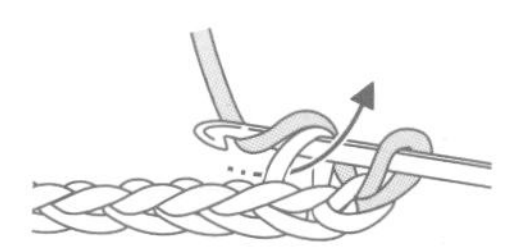

❷ 바늘에 실을 걸고 실을 빼냅니다.

❸ 한 번 더 바늘에 실을 걸어, 바늘에 걸린 2개 루프를 당겨 뺍니다.

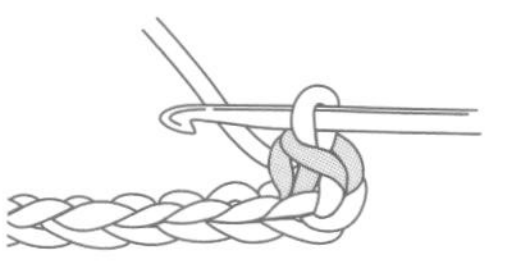

❹ 짧은뜨기가 완성되었습니다.

⋎ 짧은 2코 늘려뜨기

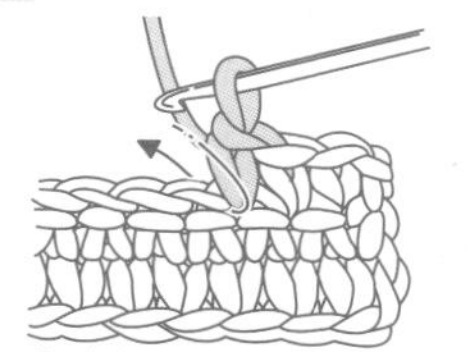

❶ 앞단의 코 머리 두 가닥을 주워 짧은뜨기를 하고, 다시 같은 코에 바늘을 넣습니다.

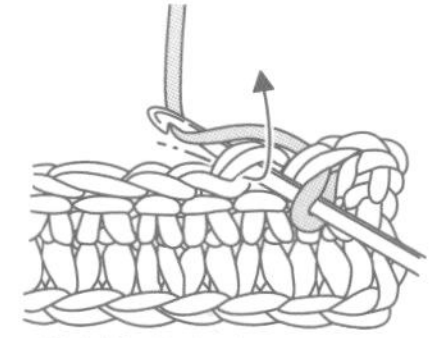

❷ 실을 걸어 잡아 뺍니다.

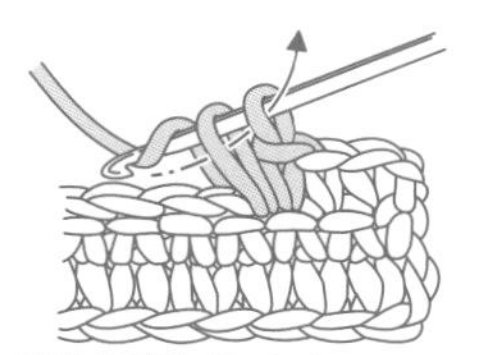

❸ 다시 한번 바늘에 실을 걸고, 바늘에 걸린 2개 루프를 당겨 뺍니다(짧은뜨기 하기).

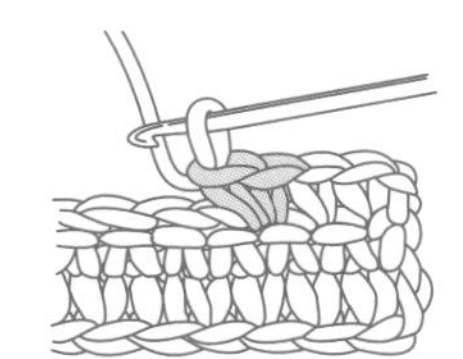

❹ 같은 코에 짧은뜨기 2코를 떴습니다.

북유럽 무늬 벙어리장갑

PHOTO_P.30

준비물

해피 셰틀랜드 흰색(8) 40g, 검은색(32) 30g
대바늘(길이가 짧은 바늘 5개) 4호, 3호

완성 치수

손바닥 둘레 19cm, 길이 24cm

게이지

가로세로 각각 10cm 배색뜨기 25.5코×30단

뜨개질 포인트

- 손가락 걸기코로 48코를 만들고, 원통형으로 배색 2코 고무뜨기를 12단 뜬다.
- 바늘을 바꾸고 이어서 실을 가로로 걸치는 배색뜨기 A로 뜬다. 엄지손가락 위치에는 보조실을 떠 넣는데, 그 코를 다시 왼쪽 바늘로 옮기고 보조실 위를 이어지는 무늬로 뜬다(오른손과 왼손은 엄지손가락 위치를 바꾸어 뜬다).
- 본체 손가락은 도안처럼 코 줄임을 하여 남은 4코에 실을 두 번 통과시켜 조인다.
- 엄지손가락은 위아래로 코를 나누어 2개의 바늘로 코를 줍고, 보조실을 뺀다. 실을 이어 양 끝에 걸쳐진 실에서도 한 코씩 주워 20코로 하고, 원통형으로 배색뜨기 B를 뜬다. 손가락 끝은 도안처럼 코 줄임을 하여, 남은 4코에 실을 두 번 통과시켜 조인다.

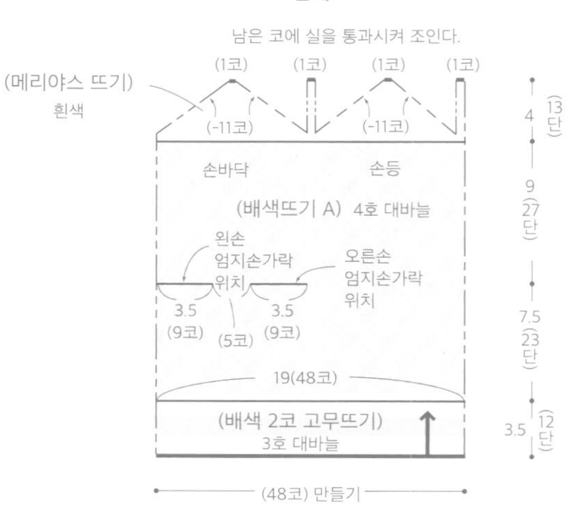

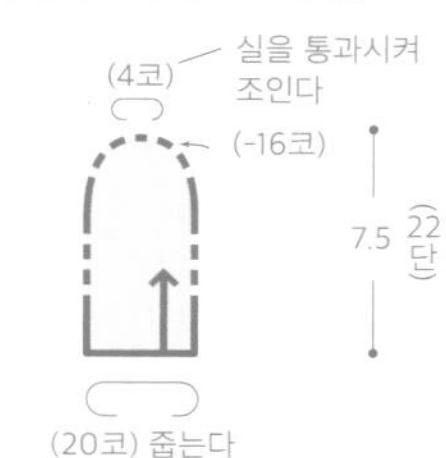

※엄지손가락 코 줍는 방법은 P.61 참조

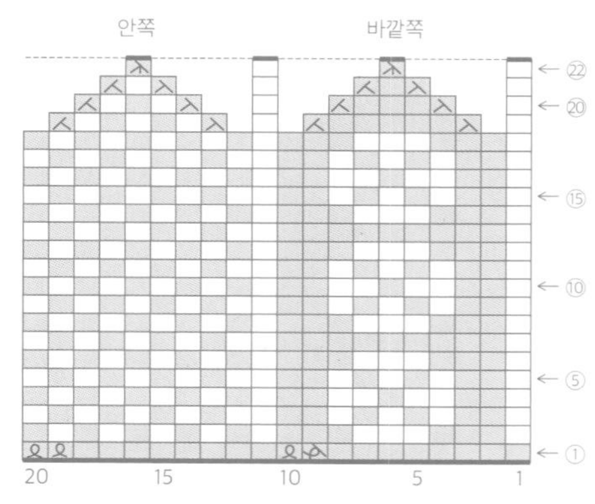

□=□ 겉뜨기
배색 □ = 흰색
배색 ■ = 검은색
= 걸쳐진 실을 꼬아 오른코 겹쳐 2코 모아뜨기
= 돌려뜨기
= 돌려뜨기로 코 늘리기
= 왼코 겹쳐 2코 모아뜨기
= 오른코 겹쳐 2코 모아뜨기
= 오른코 겹쳐 3코 모아뜨기